KB261579

신라왕이
몰래 간 맛집

신라왕이
몰래 간 맛집

기획 ㅣ 김남일
글 ㅣ 이명아
사진 ㅣ 이동춘

1판 1쇄 발행 ㅣ 2017. 12. 15.

발행처 ㅣ **Human & Books**
발행인 ㅣ 하응백
출판등록 ㅣ 2002년 6월 5일 제2002-113호
서울특별시 종로구 삼일대로 457 수운회관 1009호
기획 홍보부 ㅣ 02-6327-3535, 편집부 ㅣ 02-6327-3537, 팩시밀리 ㅣ 02-6327-5353
이메일 ㅣ hbooks@empas.com

ISBN 978-89-6078-457-4 13980

신라왕이 몰래 간 맛집

기획 · 김남일
글 · 이명아
사진 · 이동춘

Human & Books

목차

경주, 이제는 맛 여행이다

미래(未來)는 음식문화가 그 나라와 도시의 문화와 산업에까지 영향을 미치는 맛의 시대, 즉 미래(味來)의 시대가 될 것이다. 음식(飮食)은 단순히 허기를 달래는 먹을거리가 아니라 그 나라의 정신문화와 미학이 담겨 있는 종합 예술이다. 이제 레스토랑들의 수준이 그 도시의 품격(品格)을 말해주고 국가의 이미지에도 영향을 줄 만큼 중요한 잣대가 되어버렸다. 핸드폰으로 맛집을 검색해 찾아가는 미식여행은 이제 거스를 수 없는 트렌드이자 대세이고, 요식업(料食業)은 일자리를 만드는 중요한 서비스 산업이기도 하다.

프랑스의 미식술, 그리스와 스페인 등의 지중해 요리, 멕시코의 전통요리, 터키의 전통요리인 케시케키, 일본의 와쇼쿠[和食]요리는 이미 유네스코 세계무형유산으로 등재되어 그 나라의 브랜드를 대변하고 있다. 일본 총리가 자기 고향의 오래된 료칸[旅館 · 일본 전통 숙소]에 외국 정상들을 초대해 로컬 푸드를 활용한 외교활동을 펼치는 사례에서 볼 수 있듯, 그동안 과소평가되어 온 우리네 향토 음식의 재발견과 국제적 마케팅이야말로 시대적 과제라고 생각한다.

세계적인 요리 전문평가지인 미쉐린 가이드가 아시아에서 4번째로

서울판이 발행되기도 하였다. 경주 부시장으로 재직하던 시절, 경주시와 자매결연 하고 있는 일본의 대표적인 역사도시인 교토 나라시를 방문한 적이 있다. 수도가 아닌 지방 도시인데도 불구하고 이미 수십 곳의 레스토랑이 미쉐린 가이드에 소개되어 있었고, 관광홍보에도 적극적으로 활용하고 있었으며, 몇 달 전부터 예약을 해야 갈 수 있다고 하여 깜짝 놀란 적이 있다.

경주의 단박(單薄)한 제철 음식

천 년 전의 경주는 신라의 서라벌로서 실크로드로 육로와 뱃길을 통해 여러 인종의 사람과 지식, 산물들이 교류했던 대표적인 국제도시였고 당연히 여러 가지 식재료와 독특한 식문화까지도 융합되어 한국 문화의 원류를 낳았다. 조선시대에는 경상좌도(慶尙左道)의 중심지로서 남도 음식과는 다른 향토음식이 전승 발전되어 왔다.

지금은 어떠한가. 미식관광이 대세인 요즈음 많은 관광객들이 기대를 갖고 찾아오지만, 경주에서만 맛볼 수 있는 음식을 내는 고풍스러운 스토리가 있는 식당이나 손맛 좋은 맛집을 찾기란 쉽지 않다. 무슬림 친화적인 레스토랑은 고사하고 보이느니 즐비한 프랜차이즈 레스토랑들이다. 신라차로 기원되는 대한민국 전통 차(茶)문화의 발상지임에도 불구하고 커피 집들만 성업 중인 것은 물론이다.

그나마도 동양의 피라미드로 불리는 대릉원(大陵苑) 주변에 있었던 쪽샘 골목의 한정식 집들은 문화재 복원을 이유로 다 사라져 버렸고 시민들이 부담 없이 자주 찾았던 옛 경주 읍성 안에 있는 토속 밥집들과 선술집마저도 도시개발로 인해 하나 둘 사라지고 있어 경주 맛의 뿌리를 어디서 찾을 수 있을지 늘 고민이었다. 경주에서 근무하는 동안 볼만한 유적지나 관광지보다는 제대로 된 맛집을 소개해 달라는 부탁을 더 많이 받곤 했던 것이다. 책 제목은 오래전 신라왕들을 떠올리며 지었다. 갖은 산해진미를 끼니마다 들었던 그분들도 가끔은 왕궁에서 몰래 나와 거칠면서도 단박(單薄)한 제철 음식을 찾았을 것 같았다. 그 거친 음식을 들며 백성들의 살아가는 이야기를 듣는 동안 함께 슬퍼하고 함께 즐거워하는 소통 왕정을 펼쳤기 때문에 천년왕국과 해상제국, 신라(新羅)를 만들 수 있지 않았을까?

경주의 맛과 사람 사는 풍경

언론이나 잡지 등에 이미 소개되었거나 모범음식점 등으로 인증을 받은 업소들은 가급적 배제하기로 뜻을 세우고 다양한 연령과 계층의 관광객들이 찾는 곳임을 감안해 가족 단위로 편하게 찾을 수 있는 곳을 중점적으로 찾아 나섰다. 전통시장을 비롯하여 일일이 마을마다 발로 뛰며 발굴한 셈이다. 경주에서 나는 산물을 주로 사용하고, 경영 철학이나 이야깃거리가 있는 고집스런 식당들만을 여러 번 가서 몰래 먹어보고 골랐다. 경주를 떠올리게 하는 또 하나의 이야깃거리가 되기를 바라며 역대 신라왕의 수가 56명임을 감안해 맛집 관련 56개 이야기를 선정했다.

책제목 '신라왕이 몰래 간 맛집'은 '신라 임금 이발하는 날'이라는 이색 왕릉벌초 축제 이름을 활용했다. 첨성대 서편 신라왕경 유적 일원에서 해마다 행하는 왕릉벌초에 이색적인 이름을 붙이니 시민들이나 관광객에게 큰 호응을 유발할 수 있었다. 신라왕도 이발하고 늘 먹던 궁중 음식에서 한번쯤은 벗어나 소문난 맛집을 찾아다니지 않았을까? 그런 상상력이 이 책 제목으로 탄생한 것이다.

사실 기획의도에 맞는 식당을 제대로 찾을 수 있을까 걱정도 했지만 의외로 직접 찾아다니다 보니 고집스레 고향을 지켜온 사람 냄새 나는 숨은 식당들이 의외로 많이 있어 희망이 보였다. 그 식당들은 경주를 둘러싸고 있는 남산, 단석산 국립공원 등 유서 깊은 숲속과 형산강을 포함한 여러 지천을 안고 있는 들판, 그리고 동해바다에서 나는 자연 그대로의 소박한 식재료들을 활용해 정직한 음식을 만들고 있었다. 읍면동이나 식당 업종별 안배는 하지 않았지만 가능한 관광지역이 아닌 시골지역을 중심으로, 경주가 동해바다를 낀 해양도시임을 외지인들이 잘 모르는 점을 감안하여 어촌마을의 식당 발굴에 좀 더 노력을 기울였다.

경상북도 문화관광국장 시절 '면서기가 추천하는 맛집'이라는 책을 기획했을 당시에 무가(無價)로 관공서에서만 배포했던 것과 음식을 잘 아는 작가와 사진가가 참여하지 못했던 아쉬움을 이번 기회에 해소할 수 있었던 점에서 보람을 느낀다. 항상 이러한 도전에는 경북지역 음식은 맛이 없고 다른 지역과 크게 차별이 안 되고 정성이 부족하다며 호도되고 있는 점을 불식시키기 위해 노력하고 있다는 점을 독자들이 알아주는 것만으로도 만족한다.

앞으로 이 책이 경주를 찾는 외국인들을 위한 레스토랑 가이드로서 영어, 일어 등 다양한 외국어 번역판이 나오는 동시에 다른 백제문화권 역사고도들과 연계판이 나온다거나 SNS시대에 맞게 앱(APP)에도 서비스를 하여 소개된 식당 맛집들의 업그레이드와 추가 선정 등이 자연스레 진행되어 지금 언론사 중심의 맛집 선정의 관행에서 탈피해 독자들이 참여하여 만드는 쌍방향 레스토랑 가이드북의 모델이 되기를 기대해 본다.

뜻을 같이 하고 책이 실행에 옮기게 되기까지 1956년 창립된 신라문화동인회 60주년 기념사업으로 흔쾌히 제안을 해준 김상유 회장님과 이 사업에 적극적인 재정 지원을 해준 한수원 월성원전본부의 지역발전협력팀, 그리고 경주시의 읍면직원 여러분들, 마지막으로 휴먼앤북스 출판사 하응백 사장님께도 감사를 드린다.

골골마다 숨어 있는 이야기 콘텐츠와 토속 맛집들이 읽을거리와 함께 다양한 문화상품으로 소개되고 융합되어 지역 활성화에 조금이라도 도움이 되기를 바란다. 청년들이 서울로만 모이는 서울공화국은 미래가

없다. 우리의 지방 소도시도 외국처럼 레스토랑 하나를 찾기 위해 국내외 관광객이 멀리서 찾는 곳이 되기를 소망한다. 그리하여 작은 시골 마을이 한 도시의 관광 구심점이 되는 날과 그런 시골 정(情)이 넘치고 철학 있는 음식점을 열고 싶은 전문 셰프들이 속속 지방 마을로 찾아오는 날이 오기를 기대해 본다.

前 경주부시장

김남일

관광 경주를 빛내줄 맛집 찾기

월간 〈행복이 가득한 집〉 사진기자와 프리랜서로 25년 간 작업을 해오며 한국 문화계의 내로라하는 인물들을 많이 만났다. 그들과의 인터뷰를 통해 처음 우리 것의 아름다움에 눈을 뜨게 되었다. 직장을 그만두고 시작한 개인 작업은 '차', '한옥', '한식' '종가'라는 주제를 거쳐 '종가의 관혼상제' 등으로 이어오고 있다. 한옥의 모습을 기록으로 남기며 한옥의 따스함과 아름다움에 매료되었고 종가 작업을 통해 잊혀져가는 종가의 관혼상제 풍습을 기록하며 안동에 10년을 머물렀다. 그 후 관광 책자 〈골든시티 경주〉 발간 작업을 위해 짧지 않은 시간 경주에 머물며 경주의 맛집에도 관심을 갖게 되었다.

경주에서 맛집 찾아 기웃거린 지 벌써 1년여의 시간이 되어 간다. 이 책에 실린 식당들의 선정 기준을 정하기까지 꽤 많은 고민을 했다. 유명 레스토랑 가이드처럼 맛, 인테리어, 서비스 등을 객관적으로 평가해서 점수를 매길 일은 아니었다. 결국 가족 단위의 짧은 휴가여행, 출장이나 나홀로 여행을 하게 된 사람들이 믿고 찾을 수 있는 식당 정도로 생각이 정리되었다. 제일 먼저, 신선한 식재료를 사용하거나 기본적인 장이나 김치를 직접 담그는 집을 위주로 선별했다. 웬만한 재료는 모두 친환경 농법으로 직접 농사를 지어 충당하는 한 식당은 출근 전, 전 직원이 밭에 나가 합심해서 벌레를 잡는다고 했다. 새벽에 직접 배를 타고 앞바다로 나가 직접 조업을 하거나 동네 해녀 할머니들이 잡아오는 성게를 제철에 구입해 1년 동안 사용할 양을 확보하는 횟집들은 기본으로 내는 미역국조차 직접 채취한 재료를 사용하곤 했다.

아쉬웠던 점도 물론 있다. 혼자 식당을 찾았다가 문전박대를 당한 적이 제법 많았기 때문이다. 요즘처럼 혼밥, 혼술이 유행인 시대에 말이다. 어떤 식당은 1인분을 주문하면 1~2천 원을 더 받기도 했다. 대

놓고 1인분 식사는 안 된다며 면박을 주는 통에 2인분을 주문하고는 반 이상 남긴 채로 2인분 가격을 모두 치러야 할 때가 가장 황당했다. 관광지로 유명한 곳에서 왜 1인분 주문은 받지 않는 것인지 아직도 의문이 앞선다.

좋은 식재료에 인정을 더해 내는 맛

일상에서 흔하게 접하는 음식인 칼국수, 비빔밥, 매운탕, 국밥 등을 파는 집들은 더욱 심혈을 기울여 선별하려고 노력했다. 꽤 까다로운 입맛을 가진 경주 지인들에게 물어 나름의 리스트를 작성하고도 혹시나 싶어 대여섯 집 이상씩을 더 찾아가 직접 먹어보고는 했다. 공무원이나 지역 유지들이 소개한 집들은 어느 정도는 믿을 만했지만 함께 갈 수는 없었다. 밑반찬 개수가 달라지거나 서비스 반찬이 더 곁들여질 우려가 있었기 때문이다. 그런 경우에는 나중에 바쁜 시간을 쪼개서 혼자 가서 다시 먹어보고 진짜 괜찮은지 확인을 해야 했다. 최고의 전망을 가진 맛집이나 최고의 식재료를 사용하는 집, 독특한 소스나 양념을 개발해 사용하는 집 등을 위주로 선별하였음을 다시 한번 강조한다. 좋은 식재료를 공급하는 5일장과 감포 해녀들, 정직한 농부들의 이야기도 함께 곁들였다.

사진가
이동춘

경주 음식은 맛이 없다고?

내 첫 번째 경주 여행은 다섯 살 무렵이었던 것 같다. 네 살 차이나는 막내 동생을 업고 있는 어머니가 함께 한 사진이었으니 다섯 살이 맞다. 삼대가 총출동했던 번잡한 여행은 불국사 경내에서 찍은 몇 장의 사진으로 남아 있다. 두 번째 경주 여행은 고등학교 수학여행이었는데 빙글빙글 사이키 조명이 돌던 가을밤의 여관 앞마당도 기억에 남지만 더욱 선명한 것은 여관 앞 리어카에서 샀던 빨간 홍옥 사과에 대한 기억이다. 열다섯 개쯤 샀던 것 같은데 그걸 배낭에 넣어서 서울까지 가져오느라 꽤 고생을 했다. 선물처럼 내놓는 그 사과를 보며 어머니는 30년 전 당신 역시 경주 수학여행에서 홍시를 그렇게 욕심껏 사셨다는 얘기를 해주셨다. 뜨끈하게 불을 땐 여관방에 두었던 홍시가 하필 밤새 익어 터지는 바람에 아침에 일어나자마자 그걸 빨아먹으며 친구들끼리 깔깔대며 웃었다는 얘기도.

먹을거리가 넘쳐나는 풍요로운 맛 고장

다섯 살 시절부터 소꿉장난을 하더라도 꼭 동네 리어카 아저씨에게서 국광 사과를 사거나 하다못해 새우깡이라도 사서 했던 버릇이 돋아 어딜 가든 조금이라도 색다른 음식이나 식재료가 있으면 그냥 지나치질 못한다. 이번 경주 음식여행에서도 마찬가지였다. 맛있는 음식을 먹으면 주인에게 물어 그 재료를 파는 곳을 찾았다.

5일장과 어판장을 제집처럼 드나들었던 것 같다. 봄날의 건천장에서는 알이 굵은 마늘을 샀고, 가을의 건천장에서는 끝물 대봉시를 건졌다. 여름날 새벽의 양남장에서는 단물이 뚝뚝 떨어지는 수밀도를 샀고, 가을의 양남장에서 삶은 산밤을 사서는 운전을 하는 동안 까먹으며 껍질을 뱉어내곤 했다. 감포 해녀 할머니들이 뜯어 말렸다는 자연산 미역과 바특하게 조려 먹으면 밥맛을 꿀맛으로 바꿔줄 말린 미주구리도 장바구니로 들어갔음은 물론이다. 경주는 참으로 흥미로운 곳이었다. 사찰과 왕릉, 절터와 불탑은 고즈넉하니 마음을 가라앉히지만 산과 들, 강과 바다에서는 우선 먹을거리가 넘쳐났다. 구석구석 다녀보기 전에는 몰랐던 사실이다.

경주의 맛있는 이야기를 풀어보고 싶다고 하니, 다른 어느 지역보다도 경주 사람들이 먼저 의아해했다. 경주에 맛있는 집이 어디 있느냐는 것이었다. 동네에서 잘 가는 단골집들은 좀 있지만 맛집은 아니라고 했다. 식초를 직접 만들어 국수를 비벼주는 집이 있지만 그게 그렇게 대단한 일이냐고, 열 가지도 넘는 장아찌를 아침마다 조금씩 꺼내 새로 양념을 해서 밑반찬으로 내는 식당이 한정식집이 아닌 민물매운탕집인 것이 그렇게 특별한 것이냐며 심상해하던 경주 사람들. 우선, 이 책을 경주 분들에게 권하고 싶다. 그렇게나 맛난 집들이 그리도 많았던 것을 정말 몰랐냐며 약이라도 올려볼까 싶다.

3년 전, 감꽃이 떨어지는 늦봄에 경주여행을 했었다. 그때는 나 역시도 경주에는 딱히 감빨리는 맛집이 없다며 투덜댔더랬다. 지금 알고 있는 이 정보들을 그때 알았더라면, 팔순 부모님을 어렵사리 모시고 갔던 그 여행이 더 알차고 뿌듯했으련만. 가족과의 경주여행을 계획하고 있다면, 혼자만의 단출한 여행을 꿈꾸고 있다면, 맛있는 경주를 기대해보는 것도 좋을 것이다. 이 책이 그 기대에 작은 도움을 드릴 수 있기를 희망하며 1년간 꽤 열심히 경주 구석구석을 누볐다는 얘기를 건네고 싶다.

음식평론가
이명아

1

감포,
바다의 맛

개항 100주년을 앞둔 조용한 포구, 감포

감포는 번잡하지 않아 좋다. 풍광 좋은 해변을 끼고 있는 여행지라면 으레 들어서 있게 마련인 카페거리가 없고 수십 명을 한꺼번에 받아도 거뜬할 대형식당이 없다. 감포는 좋은 원목 프레임을 써서 만든 나무액자를 떠올리게 한다. 여백 많은 풍경사진을 넣어도 좋고, 오랜 추억이 담긴 흑백 사진을 넣어도 좋을.

행정구역상으로 감포는 경주시 동부에 있는 작은 읍이다. '감포읍(甘浦邑)'이라고 나지막이 불러본다. 낭만적이다. 그 이미지에 가장 부합하는 시간은 하늘이 깨끗하게 갠 오전 열시부터 오후 서너 시까지일 듯싶다. 바다는 맑고, 부는 바람은 청순하다. 살랑이는 기분을 만끽하려면 해변 산책 후에 감포공설시장 건너편에 있는 해국벽화길을 걸어보면 좋을 것이다. 감포 깍지길 4구간에 해당되는 600미터의 거리로 30분이면 충분히 돌아볼 수 있는 곳으로 옛 골목길의 정취를 느낄 수 있다.

퇴락한 적산가옥 사이로 걷는 고즈넉한 거리

감포는 원래 동으로 바다를 접하고, 북으로 포항과 영덕, 울진, 강릉을 거쳐 북해로 향하는 북해통이었으며, 남으로 울진과 부산을 잇는 중간 기지 역할을 했던 곳이다. 길이 좋으면 손을 탈 수밖에 없다. 감포항이 그렇다. 감포항은 경주시 감포읍 감포리에 있는 어항인데 1920년 개항해 동해에서 가장 큰 동해 남부의 중심어항 역할을 했다. 1937년에 제물포와 함께 읍으로 승격되었을 정도로 번성했던 곳이기도 하다. 잘 알려져 있다시피 조선의 개항은 1876년 조일수호조규 즉, 강화도 조약으로 이루어졌다. 기름진 물산이 몰리는 조선의 크고 작은 포구는 차례대로 문을 열 수밖에 없었다. 감포항 역시 그 흐름 가운데 1920년 개항했다.

선총독부 자료 중에서 대정 10년(1920년) 4월, 발간된 '조선항만(朝鮮港灣)'에서는 조선해안상황, '제2장 항만 종류(개항, 지정항, 세관지정항, 지방항 등)편 중, 지정항 20항 중 '대정 9년 조선총독부령 제41호 구서'에서는 '지정항, 항만, 조축, 항만 내 매립과 방파제, 방사제 등 축설, 개축, 제거 등에 연관해 행정상 처분이 조선총독부 권한'임을 명기하고 있다. 지정항 20항에는 법성포, 여수, 제주, 성산포, 감포, 구룡포, 포항, 도동, 마산, 방어진, 주문진, 나진항 등이 해당한다고 기록하고 있다. 이 외에도 항만행정, 주요항만 일반을 기록하고 있으며 제8장에서는 '각항 연혁, 상황병시설'편에서 동해안의 방어진, 감포, 구룡포, 포항, 주문진, 원산 등의 항구에 대해 기록하고 있다. 이로써 명백하게 감포항이 항구로 개항한 것은 대정 9년 즉 '1920년'임을 뚜렷하게 기록으로써 알 수 있다. 이를 근거로 해서 감포항은 올해로 개항 97년이되며 2020년 개항 100주년을 맞이하는 것이다.

(2020년 개항 100주년 맞는 감포항(甘浦港) 개항사 –
동해 남부 가장 큰 중심어항이었던 감포항 100년… '다시 부활하라', 경주신문, 2017년 1월 17일자)

조그만 어촌 마을에 불과했던 감포는 1919년 감포내항 방파제가 축조되면서 항구로서의 입지를 갖추게 되었다. 가까이 있는 양포항이나 구룡포항에 비해 포구로서의 조건은 그다지 좋지 않았지만 청어와 꽁치, 고등어, 방어, 갈치 등이 풍어를 이루었다.

경주시에서 편찬한 『경주시 감포읍 적산가옥』에 의하면 1천 명에 못 미치던 인구가 2만이 되면서 1937년 감포는 읍이 되었다고 한다. 통조림 공장을 운영하던 일본인 다쯔노가 큰 역할을 했다. 다쯔노는 도평의원을 지내면서 동시에 통조림 공장과 기선저인망 어선(일명 데구리) 2대를 가진 사람으로 경주, 포항, 감포 등지에서 가장 갑부로 알려진 인물이었다.

다쓰노 덕분인지, 혹은 다쓰노 때문인지 항간에 감포가 경주를 먹여 살린다는 우스개말이 나돌던 시절이었다. 포항 세관에 파견된 직원이 현장에서 통관서류를 발급하여 수산물을 일본으로 실어 날랐다는데 경주에 많고 많던 불상에서 떼어낸 불두며 좋은 그림들 중 일부가 그때 생선 상자에 딸려 넘어가지는 않았을는지. 지금 감포 읍내를 가로지르는 도로 양편으로는 그 시절 적산가옥이 세법 많이 남아 있다. 일본인들의 살림집이며 점포로 썼던 상점들이다. 신사는 교회가 되었고, 살림집은 이발소가 되었다. 다방, 편의점, 한의원, 식당, 심지어 휴대폰 대리점도 모두 그 옛날 일본인 읍장의 살림집이었거나 일본인 선주의 별장이었다. 지대가 높은 곳에 살림집과 별장을 지어 멀리 감포항 풍경을 보며 즐겼던 일본인들은 구불구불 골목 안쪽으로는 유곽을 지어 놓고 드나들었다.

(『경주시 감포읍 적산가옥』, 박필우, 도서출판 애드넷, 2016)

감포 앞바다를 밝혀주는 송대말등대도 좋은 볼거리이다. 감은사지 석탑 모양을 본뜬 기와를 얹은 하얀 등대는 송대말(松臺末)이라는 이름에서도 알 수 있듯, 소나무 숲으로 이루어진 언덕 위에 있는 곳으로 아래를 굽어보면 아담한 감포항이 한 눈에 들어온다. 방파제가 동해 일출을 감상하는 뷰포인트인데 밤새 조업한 오징어배가 붉게 떠오르는 해를 등 뒤로 지고 돌아오는 장관을 볼 수도 있다. 해변을 따라 늘어선 횟집 중에는 전날 쳐 놓은 그물을 새벽에 거둬들여 잡아 온 자연산 회를 일반 횟집의 양식고기 가격으로 파는 집들이 더러 있다. 자연산 회와 양식산 회의

가격이 다르지 않은 이유를 묻는다. "자연산은 배타고 나가서 잡았으니 공짜 생선인데 어떻게 돈 주고 사온 고기보다 더 받을 수 있느냐"며 웃는 어부의 미소에 수줍음이 묻어난다.

감포 남쪽에 자리한 양남면에는 특이한 볼거리가 있다. 천연기념물 제536호로 지정된 경주 양남 주상절리다. 이 주상절리는 환경부의 국가지질공원 지질명소 인증을 받았다. 국내에서는 9번째, 경북 도내에서는 울릉도와 독도, 청송에 이어 세 번째로 인증을 받은 것. "양남 주상절리는 양남면 읍천항과 하서항 사이의 해안을 따라 약 1.5km에 걸쳐 형성돼 있으며 꽃봉우리 모양 등 다양한 모습을 살펴볼 수 있다. 특히 수평으로 넓게 퍼진 부채꼴 모양 절리가 압권"(영남일보 기사)이다. 부채꼴 주상절리는 국내에서는 처음 발견되었고, 세계적으로도 희귀하여 학술적 가치를 인정받고 있다. 인근의 트레킹코스, 감은사지, 문무대왕릉 등과 함께 경주의 새로운 관광명소로 떠오르고 있다.

감포에는 3일과 8일에 들어서는 5일장이 선다. 하지만 포구 여행의 묘미는 역시 새벽 경매에 있다. 감포 수협 위탁판매 경매장 바닥에 방금 포구에 닿은 배에서 내린 고기상자들이 깔리면 시끌벅적한 반짝 장이 열린다. 가자미가 흔하고 대구와 민어처럼 큰 생선도 제법 양이 된다. 경주 시내 횟집으로 나갈 생선을 실어 나르는 사람들 사이에서 눈치껏 구경하고 있다가 맘에 드는 생선이 있으면 한 상자 호기롭게 사봄직하다.

경주를 오가는 동안 어판장에 종종 들르곤 했는데 그때마다 질러? 말어? 무수히 고민을 하곤 했다. 그때 못 산 것 중에 지금도 눈앞에 어른거리는 건 어른 주먹만 했던 대고동이다. 대고동은 고동 중에서도 제일 맛있다. 살아 있는 것을 저며 썰어 참기름장에 찍어 먹는데 달콤한 맛이 그만이다. 꿀꺽 넘기기가 아쉬워 자꾸 당겨 씹고 싶을 정도로. 굴이 많이 나는 고흥 사람들은 절대로 초고추장에 굴을 찍어 먹지 않는다. 오로지 참기름장. 감포 사람들 역시 대고동을 참기름장에 찍어 먹는다. 초고추장은 맛이 강해 그 달콤한 맛을 눌러버리기 때문이다.

사람의 미뢰 세포는 1만 개에 가깝다고 한다. 쓴맛을 느끼는 세포는 혀의 뒤쪽에, 단맛을 느끼는 세포는 혀의 앞쪽에 포진하고 있다는데 그래서일까? 쓴맛은 삼키면서 느껴진다. 가루약을 넘길 때의 진저리가 두고두고 혀를 잡아당기는 것도 그때문이다. 이에 반해 단맛은 혀의 앞쪽에서 잘 느낄 수 있다. 아이스크림이나 막대사탕을 어떻게 먹는가를 생각해보면 금방 답이 나온다. 혀로 날름거리거나 핥짝대는 게 채신이 없어서만은 아닌 것이다.

대고동을 선뜻 사지 못한 건 기실 까다로운 손질법 때문이었다. 맛있는 것들은 필히 조심성을 갖고 대해야 한다. 언제 뒤통수를 맞을지 모른다. 대고동이 그런데 크기가 커질수록 독성도 강해지기 때문이다. 월남고동은 독성은 없지만 맛이 대고동을 따르지 못한다. 대고동은 푹 잠길 정도로 물을 넉넉하게 부어 삶아야 한다. 그래야 녹진한 맛을 내는 내장까지 잘 빼낼 수 있기 때문이다.

삶은 대고동을 반으로 잘라보면 허연 비지처럼 보이는 것이 들어 있다. 이 비지가 사달을 낸다. 멋모르고 먹었다가는 하늘이 빙글빙글 돌고 토하기 십상인 것이다. 고동의 크기가 클수록 더한데 어떤 것은 차 스푼으로 한 개 정도를 긁어낼 정도로 많다. 어른 주먹만 한 대고동 열다섯 개 정도가 들어있는 한 상자에 6만 원이니 욕심은 났다. 고동 상자 들고 바로 서울로 올라올 것이었다면 애초에 걱정도 없었을 것이다. 하지만 남은 일정이 있어 얼음 채워 고속버스 편에 올려 보내야하는데 느닷없이 비린 상자 하나 떠맡을 서울 식구들 생각하면 만용은 고이 접어 넣어둘 밖에.

경주 사람들, 그 중에서도 감포 사람들은 명절이나 제사상에 이 대고동을 꼭 삶아서 올린다. 망치로 깨서 살을 발라낸 다음 넓게 펼쳐서 꼬치에 꿰어 산적 하듯이 굽는데 그대로 쓰는 집도 있고 간장에 물을 좀 섞고, 설탕이나 물엿 넣은 조림장에 윤기가 반질반질하도록 살짝 조려서 쓰기도 한다. 죽을 끓여 먹기도 하지만 입에 감기는 맛으로는 회를 따를

수가 없다. 대고동 지천인 겨울이 오면 꼭 한번 감포에 가서 사올 생각이다. 그 야들야들 넘어가는 맛을 잊을 수가 있어야지 말이다.

가자미와 미주구리

가자미는 경주 사람들에게 꽤 친숙한 생선인데 그게 다 감포 바다 덕분이다. 민어나 대구, 우럭도 곧잘 올라오지만 사철 내내 그물을 채우는 것은 역시 가자미. 이른 아침 감포 어시장 경매에서 가자미가 빠지는 법이란 좀처럼 없다. 그렇게 흔하다.

'싼 게 갈치자반'이라는 말이 있다. 물론, 갈치가 흔하던 시절 애기다. 흔하면 천하고, 귀하면 선하다는 사람들의 심리를 제대로 드러내는 속담이 아닐 수 없다. 이에 반해 '맛 좋고 값싼 갈치자반이다'나 '돈주머니 아끼려면 갈치자반을 사먹으라'는 표현은 그 의미가 사뭇 다르다. 싼 가격에 푸짐하게 잘 먹을 수 있으니 고맙다는 의미를 담고 있기 때문이다. 동전의 앞면과 뒷면처럼 같은 현상도 바라보는 시선에 따라 간극이 이렇게도 크다. 나 역시 어린 시절 갈치구이 꽤나 먹었다. 외할머니가 석쇠에 구워 낸 갈치의 도톰한 살점을 발라 밥을 비벼주면 그걸 오며가며 한 입씩 받아먹곤 했던 것이다. 경주에서 나고 자란 사람들에게는 비슷한 기억, 다른 생선일 수도 있겠다. '싼 게 말린 가자미'였을 수도 있다는 애기다. 동해안을 끼고 있는 지방 사람들에게 제일 많이 먹는 횟감, 혹은 좋아하는 횟감을 물어보면 많은 이가 가자미를 꼽는다. 강릉 사람도, 속초 사람도, 그리고 경주 사람도. '7번국도'라고 불리는, 동해안 등줄기를 따라 내달릴 수 있는 해안도로를 끼고 있는 지역에서 유독 많이 잡히는 생선이 가자미인 까닭이다.

구워먹는 참가자미, 조려먹는 미주구리

예부터 우리나라, 특히 동해에서는 가자미가 많이 잡혔다. 그래서 중국에서는 우리나라를 가자미 접(鰈)'자를 써서 '접역(鰈域)이라는 별칭으로도 불렀다. 이익(李瀷, 1681~1763)은 『성호사설(星湖僿說)』에서 동해에 가자미가 많이 나와 중국이 우리나라를 가리켜 '접역'이라고 했다고 쓰고 있다. 『세조실록』에도 '접역'이라는 말이 등장한다. 가자미는 사실 고급 생선은 아니었다. 이는 어떤 식재료가 예로부터 귀하게 대접을 받았는지 여부를 판단할 때 흔히 가져오는 조선시대 궁중의 진상 물목을 봐도 알 수 있다.

영조 52년에 편찬한 『공선정례(貢膳定例)』는 각 지방에서 올렸던 진상품의 물품, 수량, 진상 방법 등이 자세히 나와 있어 조선 후기 각 지방의 특산물과 산출시기를 알 수 있는 문헌이다. 이 중에서 매달 올렸던 경상지방의 삭선 물종이 흥미롭다. 마른 대구, 과메기, 마른 광어, 마른 가오리, 마른 소문어, 절인 은구어(은어), 마른 해삼, 생 청어, 대구알젓 등의 어류가 꽤 많이 등장하기 때문이다. 그러나 가자미는 그 품목에 들어 있지 않다. 맛있지만 귀하지는 않았던 모양이다. 진상 품목이 아니니 일반 백성들이 마음 놓고 먹었을 테고 덕분에 가자미 들어간 동해안의 향토음식들이 유독 발달해 지금 우리의 입을 즐겁게 한다.

가자미는 서양요리에도 잘 어울린다. 흰 살 생선의 뼈를 써서 만드는 생선 육수에도 가자미는 가장 많이 쓰이는 재료 중의 하나인데 맛이 담백하고 비린 맛이 거의 없기 때문이다. 살을 발라 낸 가자미 뼈에 파슬리와 월계수 잎을 넣고 폭폭 끓인 다음 맑은 국물을 받아서 화이트 와인을 넣고 끓인다. 여기에 생크림을 넣고 다시 끓인 다음 버터와 밀가루를 볶아 만든 '루'로 농도를 조절해가며 끓여 체에 거르면 쓰임새가 많은 화이트와인소스가 만들어진다. 이걸 기본으로 삼아 바다가재 버터를 넣거나, 레몬주스와 달걀노른자를 넣어 파생소스를 만들어낸다. 신선한 참

가자미 두어 마리 있다면 가운데 뼈를 두고 양쪽으로 포를 뜨듯 살을 발라낸다. 이걸 세장 뜨기라고 하는데 남은 머리와 뼈를 푹 고아서 생선육수를 만들 수 있다. 발라낸 생선살에 밀가루를 꾹꾹 눌러가며 묻힌 다음 털어내고 프라이팬에 버터 둘러 지진다. 화이트와인 소스에 버터를 넣고 조려 농도를 조절한 소스를 얹는다. 근사한 저녁 식탁의 완성이다.

타지 사람들이 아는 가자미는 주로 두툼한 살집이 좋은 참가자미를 이르는 경우가 많다. 몸 한쪽이 거무스름하고 다른 쪽은 희고 긴 타원형의 납작한 생선 말이다. 소금에 절여 두었다가 구워 먹기도 하고 삼삼하게 간장 양념을 해서 조려 먹기도 한다. 탕으로 먹어도 맛있고 횟감으로도 좋다. 동해안 사람들이 좋아한다는 바로 그 가자미회다. 살집이 많은 것은 길쭉하게 썰어 회로 먹고 크기가 작고 연한 것은 뼈째 썰어 세꼬시로 즐기기도 한다.

경주나 감포 사람들이 즐겨 먹는 회밥이나 물회, 회국수에도 가자미가 빠지지 않는다. 가자미는 맛이 달고 담백해 회로 먹기 좋다. 감포를 찾으면 고민할 것 없이 가자미회부터 맛봐야 한다. 감포 바다는 수심이 깊고 조류가 빠르다. 덕분에 납작하게 바닥에 엎드려 사는 가자미가 많다. 가자미회 주문하면서 자연산 여부를 확인하면 큰일 난다. '나 초심자요'라는 고백이나 다름없는 것이다. 가자미는 전량 자연산이다. 흔해서 따로 양식할 필요가 없기 때문이다.

가자미무침회도 별미다. 손질해서 뼈째 썬 가자미를 양파, 깻잎, 실파, 풋고추, 붉은 고추와 함께 초고추장을 넣어 무친다. 서울과는 조금 다른 경상도식 무침이다. 생미역이 좋은 계절에는 그것도 넣는다. 가자미미역국 역시 빠지면 섭섭하다. 불린 미역을 참기름으로 볶다가 물을 붓고 국간장으로 간을 한 다음 토막 낸 가자미를 넣고 끓인 국이다. 해장으로 그만이다. 서울 사람들은 예전부터 가자미양념구이를 많이 먹었다. 손질해서 소금에 절였다가 토막으로 자른 가자미를 일단 석쇠에 구운 다음 다시 양념장을 발라가며 다시 굽는다. 간장, 고춧가루, 다진 파, 생강, 참기름, 깨소금 등이 들어가 고소하면서도 담백하다. 나 역시 서울 토박이라 양념장 없이 구운 가자미구이를 주로 먹었다. 조려 먹더라도 간을 강하게 하지 않아 물만 밥 위에 얹어 먹어도 될 정도로만 먹었던 것 같다.

경주 사람이 가자미 먹는 법

그런데, 경주를 드나들기 시작하면서 전혀 다른 가자미 음식에 맛을 들였다. 바로 미주구리다. 기름가자미라고도 불리는 미주구리는 물가자미의 경상도 방언인데 경주 사람들이 특히 즐겨 먹는 것 같다. 물 밑에 가라앉아 있다가 잡혀 오는 싱싱한 미주구리는 그 자리에서 회를 쳐서 먹기도 하지만 얼큰하게 조려 먹거나 꾸덕하게 말려 조림을 해먹는 게 경주나 포항식이다. 같은 조림인데도 경남과 경북은 다른 조리법을 택했다. 경남에서는 주로 간장, 고추장, 다진 마늘, 물엿 정도를 넣어 조린다.

그런데 경주 사람들은 전혀 다르게 해먹는다. 마른 가자미를 적당한 크기로 썬 다음 식용유에 바삭하게 튀겨 식히고 여기에 양념장을 끓여서 식혔다가 넣어서 골고루 버무리는 것이다. 양념장에는 마른 고추, 간장, 고추장, 고춧가루, 물엿, 설탕, 다진 마늘 등이 들어가는 것 같다. 회를 먹으러 가도, 백반을 먹으러 가도, 심지어 고기를 먹으러 가도 이 미주구리 조림 없이는 상을 못 차리나 싶을 정도로 경주 사람들의 미주구리에 대한 편애는 대단하다. 잘 마른 미주구리는 튀기지 않더라도 그대로 바특하게 조려 내놓으면 살이 쪽쪽 일어 발라 먹기도 편하다.

살림하는 아줌마임을 잊지 않은 나는 지방 취재나 출장이 있으면 선글라스는 매번 놓쳐도 착착 접으면 한 손에 쥘 수 있는 장바구니를 몇 장씩 가방에 넣고 길을 나선다. 다섯 살 무렵부터 외할머니 치마꼬리를 잡고 신촌시장 어물전 드나들던 가락이 있기 때문이다. 감포를 지나칠 때마다 소규모 덕장이 눈길을 사로잡았다. 차를 세우고 보니 아이 손바닥만 한 미주구리다. 오호라. 식당마다 이걸 사서 조려 내놨던 것이로구나. 만 원어치만 사면 검은 봉지로 제법이다. 서울서 미주구리를 매콤하게 조려 잃어버린 입맛 꽤나 찾아왔다.

감포 덕장에서 말려 내놓는 것이 미주구리뿐이랴. 어느 때는 도루묵을 널어놓았고, 어느 때는 꽁치며 청어를 내다 널어 과메기를 만드는 광경을 마주치기도 했다. 매운 바람에 코끝이 찡한 겨울이면, 기름 눈물 뚝뚝 흘리는 과메기를 보며 입맛을 다시기도 했다.

가자미식혜의 완결판을 논하다

가자미식혜는 이북 사람들이 주로 먹는 줄로만 알았다. 피난민들이 많이 모여 사는 강원도에서는 물론 가자미식혜를 즐기지만 말이다. 그런데, 경주 사람들도 가자미식혜를 담가 먹는다고 했다. 하루는 김호 장군 고택을 찾아 종부와 이런저런 얘기를 나누다 밥상을 받았다. 여기에 가자미식혜가 올랐는데 함께 간 사진가가 반가워하며 한 접시를 앉은 자리에서 깔끔하게 비웠다. 얘기는 자연스레 가자미식혜로 흘렀다.

"싱싱한 물가자미를 손가락 굵기로 썬 다음 고두밥으로 지은 조밥을 식혀서 섞어. 여기에 소금하고 고춧가루를 넣어 버무려 실온에서 일주일 정도 두는 거지. 가자미가 무르면 채쳐서 절인 무를 섞고 고춧가루, 다진 마늘, 생강즙을 넣어 버무리는 거야. 양념이 어우러지면 바로 먹는 거지. 그게 이북식이야".

함경도 북청 출신인 부모님은 이렇게 만든 가자미식혜를 겨울이면 어김없이 상에 올렸단다. 그런데 경주 토박이인 이상숙 종부가 얘기하는 방법은 전혀 달랐다.

"가자미를 썰어서 통에 담고 엿기름을 고운 체 위에 놓고 걸러서 뿌려요. 이렇게 하루만 두면 가자미가 노골노골해지는데 여기에 미리 쪄서 식혀두었던 좁쌀 고두밥하고 무채, 고운 고춧가루, 소금을 넣어 버무리고. 오래 두면 그거 썩어서 먹나? 바로 먹어야지" 한다.

한쪽은 고두밥을 섞어서 밑 양념을 하고 일주일이나 삭혀 다시 2차 양념을 해서 만들고 다른 한쪽은 하루만 살짝 삭혀 양념해 두었다가 곧 먹는다는 것이다. 가운데서 가만히 듣고 있자니 아하. 무릎이 탁 쳐졌다. 무릇, 음식은 먹는 사람이 어디에 사느냐에 따라 달라진다. 날이 추운 이북 지방에서는 일주일 정도는 삭혀야 가자미살이 맞춤하게 부드러워지는데 반해 날이 더운 경북 지방에서는 하루만 두어도 먹기 좋게 삭는다. 이걸 미련하게 상온에 방치해두었다가는 삭히는 게 아니라 썩혀 버리기 십상인 것이다.

내친 김에 북한에서 발간된 『조선의 민속전통』에 나와 있는 가자미 식혜 만드는 방법을 소개한다. 음식 이야기는 누구와, 언제 나누어도 흥미로운 주제다.

가재미식혜는 소금에 절인 가재미살과 무 그리고 조밥, 길금가루, 고춧가루, 파, 마늘 등을 섞어서 삭혀 만들었다. 식혜에 흰쌀밥을 쓰지 않고 조밥을 쓴 것은 이 고장의 오랜 관습이다. 이것은 음식의 맛, 볼품과도 관련되어 있었다. 식혜를 만들 때 흰쌀밥을 두면 밥알이 풀어져 볼품이 없어지지만 조밥은 알이 작고 단단하여 변화가 알리지 않았다. 가재미 식혜는 누구나 즐겨먹는 밥반찬으로서 새큼한 맛과 단맛이 잘 어울려 뒷입맛을 개운하게 하며 향긋한 냄새가 풍겨 언제나 구미를 당기게 한다. 동해안 지대에서는 명태, 가재미만이 아니라 도루메기, 낙지, 문어 등으로도 같은 방법으로 식혜를 담그어 밥반찬으로 썼다. 도내의 여러 가지 식혜 가운데에서도 특히 북청지방의 가재미식혜가 소문났다. 가재미젖은 그대로 밥반찬으로도 먹으며 양념감으로 쓰기도 하였다.

(『조선의 민속전통』, 과학백과사전종합출판사, 1994)

녹진하게 감기는 맛, 성게무침

고래등횟집

메뉴 성게무침 6만 원 | 물회 1만 5천 원 | 특 물회 2만 원 | 참전복탕 3만 원 | 포장 미역 3만 원
주소 경북 경주시 감포읍 대본해안길 34
전화 054-771-8796
영업시간 09:00~21:00 / 연중 무휴

감포 횟집촌 안에서도 고래등의 위상은 참으로 당당하다. '독점'이라는 짜릿한 단어를 쓸 수 있는 메뉴를 보유한 까닭이다. 처음 감포 근처에 살고 있는 지인들을 통해 가볼 만한 횟집 몇 곳을 소개받았을 때 그들이 하나같이 첫 손에 꼽은 집이 바로 여기였다. 다른 곳에서는 아예 엄두도 못 내는 음식을 맛볼 수 있다는 것이다. 뭐가 맛있느냐 꼬치꼬치 묻지만 말고 그냥 믿고 가보라고들 했다.

횟집이 다 거기서 거기지. 기껏해야 자연산 회만 썰어낸다는 애기려니 싫었다. 성화들을 하니 감포에 발을 들여놓자마자 첫 번째로 찾아가기는 했다. 과연 식당 외관이 남달랐다. 여타의 식당과는 규모부터가 달랐다. 그러나 바닷가 횟집이 어디 규모로 승부하던가. 오히려 너무 번듯하면 뜨내기를 상대로 장사하는 집인가 싶어 믿음이 덜 가기 십상인 것을.

어디 보자. 벽에 걸린 차림표를 훑는데 어라, 대번에 눈길을 잡아맨다. 성게무침이었다. 주머니 사정이 어지간히 좋지 않은 바에야 이름만으로도 일단 멈칫하게 만드는 음식이 있다. 성게가 그렇다. 호기롭게 주

문해봐야 성게비빔밥이나 성게미역국, 그도 아니면 성게초밥 정도가 일상적이다. 그런데 무침이라. 만나기 쉽지 않은 음식인 듯도 하고.

주문한 성게무침이 나왔는데 색깔이 좀 다르다. 흔하게 먹어왔던 노르스름한 성게와는 확연히 다르게 붉은빛을 띤다. 오렌지색에 가깝다.

"그게 말똥성게예요. 10월에 해녀들이 채취해오는 건데 다른 집 가면 없는 거라. 우리 집에서 독점을 하다시피 해서 잡는 건데 포항까지 가져가서 거의 일본으로 수출하기 때문에 시중에서는 구하기가 쉽지 않죠. 성게라는 것이 원래 알을 먹는 거잖아요. 엄밀히 따지면 성게 생식선(生殖腺)을 먹는 거죠. 암컷은 난소고, 수컷은 정소고. 그런데 이 말똥성게 생식선이 보라성게에 비해 빛깔이 더 붉은 거죠."

김가루와 통깨를 조금 올리고 참기름을 둘렀을 뿐이다. 접시 가득 성게, 성게뿐이다. 한 숟갈 듬뿍 퍼서 입에 넣고 혀를 굴려보았다. 녹진하게 감겨든다. 따끈한 밥 위에 얹어 살살 비벼서 다시 맛본다. 달다. 한 접시를 어떻게 비웠는지 모를 정도로 속도를 냈다. 밑에 깔린 밥이 보

이지 않을 정도로 성게를 듬뿍 올린 덮밥을 만난 적도 있지만 그런 경우는 거의 수입산이다. 국산이라 하더라도 가시가 뾰족하고 긴 보라성게 정도고.

성게는 그 내장을 소금에 절인 것을 일본인들은 우니라 하여 즐겨 먹는다. 우리나라에서는 본디 성게를 별로 먹지 않았고, 그대로 건조·분쇄하여 닭의 사료로 쓰고 있었다. 일본인이 우리나라에 들어옴에 따라 기호품의 하나가 되었고, 1927년에는 일본인이 함북에서 성게를 상품화하기 시작하였다.　　　　　　　　　　　　　　　（『한국요리문화사』, 이성우, 1985)

성게 맛을 모르는 이가 많은 이유가 아닐까? 그렇더라도 그 귀한 성게를 말려서 닭 모이로나 먹였다니. 아까워라. 옛날 사람들이 성게를 아예 먹지 않았던 것은 아니다. 정약전이 흑산도 귀양살이 중에 지은 『자산어보』에는 율구합(栗毬蛤)이라고 해서 밤송이조개라고 불렸던 보라

성게에 대해 기술한 내용이 나온다.

"껍데기는 다섯 판으로 원을 이루고 있고, 앞으로 갈 때에는 온몸의 털이 모두 움직이고 흔들리며 굼실거린다. 조개 꼭대기에 입이 있는데 사람 손가락이 들어갈 만하다. 방 속에 알이 있는데 마치 굳기 전의 쇠기름 같고 누런빛을 띤다. 또한 다섯 판 사이사이에 시모(矢毛)를 가지고 있다. 껍데기는 검으며 무르고 연하여 부서지기 쉽다. 맛은 달고 날로 먹거나 국을 끓여서 먹는다."

다디단 말똥성게를 밥에 비벼 먹는 맛

율구합은 고슴도치 같은 털 속에 껍데기가 있다고 했고, 승률구는 털이 짧고 가늘며 누런색이어서 구별이 된다고 했으니 말똥성게가 바로 승률구(僧栗毬)이다. 율구합에 대해 더 자세하게 기술한 건, 더 자주 보았기 때문일 것이다. 우리나라에서 잡히는 보라성게의 수가 말똥성게에 비해 월등이 많기 때문이다.

말똥성게 경매 가격은 1kg당 10만 원이 훌쩍 넘어간다. 비쌀 때는 12만 원을 호가하기 다반사. 10월초부터 약 한 달만 작업을 할 수 있단다. 예전 방파제 생기기 전에는 그래도 제법 잡혔지만 요즘은 일주일만 바짝 작업할 수 있을 뿐이다. 나머지 기간에는 간간히 구경만 할 수 있을 정도. 성게를 채취하는 해녀들이 아침 7시에 물에 들어가면 12시쯤 나오는데 11시쯤부터 성게 까는 사람들이 대기하고 있다가 바다에서 올라오는 해녀들과 같이 앉아서 작업을 한다. 성게 경매가의 40%를 해녀가 가져가는데 하루 7kg 정도를 따는 베테랑들은 하루 일당으로 25만 원을 받아간다고 한다. 고래등에서는 제철에 경매로 넘기는 한 편, 일부는 급속 냉동을 해서 보관해두고 일 년 내내 낸다고 한다. 독점이라 부를 만하다.

"말똥성게 2kg을 까면 물회 대접으로 하나를 겨우 채울 수 있어요.

경주 맛집 ― 56 고래등횟집

이 성게무침 한 접시에 들어가는 성게가 몇 마리냐면. 놀라지 마세요. 60마리. 해삼 500g하고 섞어서 내는 성게해삼무침에도 성게 30마리 분량이 들어가요.”

성게무침 한 접시를 둘이 비우고 나니 개운한 게 당긴다. 참가자미만 넣어 말아낸다는 물회 한 그릇을 새로 주문했다. 미주구리는 산 걸 쓰기가 쉽지 않아 아예 취급을 하지 않는데 주인의 기분 따라 메가리(전갱이) 두어 마리를 더 넣어주기도 한단다. 가자미는 ‘400다마’라고 불리는 남자 손바닥보다 큰 놈을 주로 쓴다. 가자미 한 마리에 400g 이상 된다는 얘기. 그 정도 묵지근해야 길이대로 썰어도 도톰하고 씹는 맛이 있기 때문이다.

고소하기는 말할 것도 없고. 주인의 장모가 직접 담근 찹쌀고추장에 2배 식초 섞어 만든 양념장을 물에 풀고 배채와 오이채를 듬뿍 얹어 새콤하게 말아내는데 다진 마늘과 매실청을 넣어 혹시 모를 비린내를 잡고 깔끔하게 뒷맛을 살린다. 여기에 ‘땡초’라고 불리는 청양고추와 파를 좀 썰어 넣는다. 특물회에는 해삼과 소라를 썰어서 보태는데 오독오독 씹히는 맛이 괜찮다. 때를 잘 맞춰 가면 흑삼 열 마리에 겨우 한 마리 잡힐까 말까 하다는 홍삼 넣은 물회를 맛볼 수도 있다.

단골들은 참전복탕을 보양식 삼아 즐긴다고 한다. 자연산 전복을 4등분해서 썬 다음 마늘을 넣고 볶다가 물을 넣고 푹 고는데 찹쌀을 조금 넣기도 한다고. 곁들이로 나오는 성게 미역국도 오돌오돌 씹히는 맛을 제대로 살렸다. 미역도 해녀들이 직접 따 온 것을 말려서 쓴다고 한다. 오랫동안 불리면 못쓰고 딱 10분만 찬물에 담갔다가 바락바락 문질러가며 헹구는 것이 맛을 내는 비결이다.

미역은 선물하기 좋도록 포장해서 따로 판매한다. 명절 선물로 제법 인기가 있다는데 아닌 게 아니라 포장 디자인에 꽤 공을 들인 티가 난다. 하얀 종이 백에 담아주는 미역을 한 봉 구입했다. 집에 두고 온 가족에 대한 미안함이 어쩐지 좀 덜어지는 것 같았다.

쫀득쫀득 살맛 제대로 살린 우럭구이

용진대게 직판장

메뉴 우럭구이 2만 원 | 물회 1만 5천 원 | 대게 비빔국수 1만 원
주소 경북 경주시 감포읍 전촌리 651-12
전화 054-744-3986
영업시간 09:00~21:00 / 연중 무휴

주인 우신호 씨가 이 글을 보면 섭섭하달 수도 있겠다. 이름마저도 '용진대게 직판장'인데 난데없이 우럭구이라니. 너나 할 것 없이 대게 맛집으로 입소문이 자자하고 실제로도 대게 먹으러 오는 손님이 대부분인 것을 모르는 사람이 없으니 말이다. 물론, 이곳에서 먹는 대게는 최고다. 그리고 싸다. 식당 문 앞에는 거대한 대게 모양의 설치물까지 있으니 차를 타고 지나가는 사람이 언뜻 보아도 여기는 대게 식당이 맞다. 그럼에도 굳이 우럭구이를 추천하련다.

시작은 이랬다. 한창 햇볕이 따가와지기 시작하던 6월 어느 날, 사진 찍는 선배와 나는 감포 근처를 어슬렁거리고 있었다. 마침 점심시간이었고 용진대게 직판장 앞을 지나고 있었다. 한겨울 횟집 간판도 을씨년스럽지만, 여름날 대게 식당은 생뚱맞다. 식당 바깥 수족관에는 대게 한 마리 보이지 않았고, 한창 때라면 당연히 허연 김을 뿜으며 대게를 연신 쪄내기 바쁠 찜통도 조용했다. 배가 고팠고, 목도 말랐다. 선배가 손뼉을 쳤다. "우럭구이 먹자'.

　꽤 오랜 기간 근처에서 감포 사진작업을 해왔던 선배는 서울에서 가족이 내려오거나 외지 손님들을 만날 때면 곧잘 이 집을 찾곤 했다는데 그때 먹었던 메뉴 중에 유독 우럭구이가 잊히질 않는다는 거였다. 두말할 필요 없이 우럭구이를 주문했다. 엄밀히 말하면 우럭 양념구이였다. 다진 마늘과 다진 파를 듬뿍 넣은 양념간장을 얹어낸. 우럭이라는 생선이 원래 두툼한 살맛이 좋은 생선이지 않은가. 그걸 석쇠에 구워냈으니 결결이 찢어지다시피 하는 생선 살 씹는 맛이 제법이었다. 껍질은 바삭하고, 살은 쫀득쫀득할 밖에.

　"원래 우럭구이는 메뉴에도 없었어요. 대게 도매업을 오래 하다 보니 자연스레 식당까지 열게 되었는데 대게철이 아닐 때는 생선회를 냈지요. 단가로야 따지면 대게가 우선이지만 생선회만으로도 매출이 제법 되었으니까. 단골들 위주로 장사를 하니까 늘 찾아주는 손님들이 고맙더라고요. 반가운 손님이 오면 곁들이 음식으로 우럭을 한 마리씩 구워 내놓았는데 이게 인기를 얻게 된 거예요. 매번 얻어먹기가 미안했던지,

아니면 우럭구이 맛이 너무 좋았던지, 귀한 손님을 대접하고 싶어 가게를 찾는 손님들이 웃돈을 줄 테니 우럭 한 마리 구워 달라고들 하더라고요. 근처에서 잡히는 우럭은 흔하고, 달리 들어가는 재료도 별로 없으니 우선 일하기도 편해서 마진은 없어도 괜찮다 싶더라고요."

손바닥만 한 가자미는 구워도 맛있고, 조려도 맛있다

우럭구이 한 마리만으로는 아쉬움이 있어 가자미회를 한 접시 주문한다. 반세꼬시다. 어슷 썰어서 내는데 지느러미나 뼈가 모두 들어간다. 참가자미는 회로도 먹고 서더리탕도 끓여내는데 잘아도 못 쓰고 너무 커도 못 쓴단다. 맛있는 건 그저 300~400g 내외 나가는 것들이다. "세 마리에 1kg 나가는 걸 잡으면 제일 맛있어요. 5월 산란기만 피하면 맛은 어지간한데 아무래도 제일 맛있을 때는 보리 필 때죠. 알을 낳아놓고 기름이 빠진 참가자미는 새 살이 오를 때까지는 맛이 아무래도 떨어지기 마련인데 그 전에 고소하고 기름진 맛이 최고조로 오른 걸 먹게 되니까요."

서해안 고기와 동해안 고기를 놓고 비교하면 확실히 동해안 고기가 더 탄력이 있다. 물살이 세고 수심이 깊은 곳에서 활동하던 것들이기 때문이다. 물량이 딸리면 용진대게 직판장에서도 가끔은 서해안 고기를 가져다 쓸 수밖에 없는데 가격은 1~2천 원 차이지만 확실히 육질에서 차이가 난다고 한다. 가자미는 찌개로도 내는데 일인당 한 마리씩은 돌아가도록 끓인다. 무를 밑에 깔고 다진 마늘과 양파, 고춧가루를 얹어서 좀 얼큰하게 끓이는데 육수는 필요 없고 맹물이나 쌀뜨물만으로도 충분히 맛이 난다.

한동안 직접 잡은 생선만 온라인으로 주문받아 파는 포항의 한 어부가 운영하는 사이트를 바지런하게 드나든 적이 있었다. 어부는 직접 잡은 생선을 요리해 먹는 모습을 동영상으로 촬영해서 올리곤 했는데 생

선조림을 하든, 매운탕을 하든 세상 간단하게 음식 만드는 모습에 반해 버렸다. 요약하면 이렇다. '생선을 손질한다. 양은 냄비에 무를 깐다. 생선을 얹은 다음 다진 마늘, 다진 파, 고춧가루를 넣고 맹물을 적당히 부어 끓인다.' 어떤 음식도 이 세 단계를 넘어가는 법이 없었다. 양념 역시 계량 따위는 없고 숟가락으로 푹푹 퍼서 넣을 뿐이었다. 이집 가자미찌개나 우럭구이 또한 그럴 것이었다. 선주와 직접 거래를 해서 대게를 내는 집이기 때문일까. 다른 곳에 없는 메뉴 하나가 더 눈길을 끈다. 대게 비빔국수다. 일상적으로 먹는 고추장 비빔국수에 고명으로 대게 살을 듬뿍 찢어 올렸다. 혼자 먹는 점심으로도 제격이지만 다른 음식을 먹는 중간에 입맛 돋울 곁들이로 주문해도 좋아 보인다.

대게 철에 감포를 찾는다면 당연히 대게찜이 우선이다. 가위로 일일이 손질해 먹기 편하도록 내놓으니 손가락 쓸 것도 없이 젓가락만으로도 편하게 먹을 수 있다. 갓 쪄낸 대게 다리의 쫄깃함을 맛본 후 남은 몸통에 있는 게장을 긁어 김치, 참기름, 김 등을 넣어 쓱쓱 비벼 먹으며 마무리를 한다. 도시락이나 택배 서비스도 겸하고 있으니 굳이 직접 찾지 않아도 된다. 우럭 양념구이 한 마리가 불원천리 내닫게 하는 천상의 맛이라고는 할 수 없겠지만, 이왕이면 직접 들러 함께 맛볼 것을 권한다. 그만 한 밥반찬, 흔하지 않다.

18년 전통의 전통 이탈리안 화덕구이

지중해

메뉴 피자(마르게리타, 고르곤졸라, 감베로니, 베제테리안 등) 1만 8천~2만 원 선
스테이크(안심 스테이크와 랍스타 테일, 등심 스테이크, 연어 스테이크 등) 3만 5천 원 선
파스타(토마토 소스, 올리브 오일, 크림소스 등) 1만 8천~1만 원 선
주소 경북 경주시 감포읍 동해안로 1836-6
전화 054-775-1122
영업시간 09:00~20:00 / 연중 무휴

참 난감한 곳을 만났다. 경주에서는 보기 드물게 스테이크와 화덕피자, 파스타만을 고집하는 레스토랑인 지중해다. 오세용 사장이 건네는 명함에는 '카페·펜션'이라고 적혀 있었지만 읽을수록 더 애매하다는 느낌을 지울 수가 없다. 카페라기엔 내놓는 메뉴가 너무 다양하고 펜션이라기엔 너무 조용해서 현실감이 없어 보이기 때문이다.

미국에서 발간되는 세계적인 레스토랑 안내서인 자갓 서베이(Zagat Survey)는 리뷰를 통해 레스토랑의 수준을 평가할 때 'FOOD, DECOR, SERVICE' 등 세 가지 분야별로 5점 만점 기준에서 점수를 매긴다. 우리 식으로 얘기한다면 맛, 인테리어, 서비스가 될 것이다. 식당 규모가 작다고 해서 서비스 점수를 매기지 않거나, 음식 맛이 기막히다고 해서 인테리어 평가를 건너뛰는 법이란 없다. 그래서 자갓 서베이를 통해 정보를 얻고자 하는 사람은 그 룰을 쿨하게 받아들이고 영리하게 활용한다. 때로는 백 마디 말보다 'FOOD 4.7, DECOR 4.3, SERVICE 4.1.'처럼 간단명료한 한 줄이 더 합리적인 설명이 될 수 있기 때문이다.

　우리 실정은 좀 달라서, 신문과 잡지는 물론이거니와 방송까지도 여전히 '맛'에만 방점을 찍어 평가하는 경향이 강하다. 객관적인 평가 기준보다 주관적인 감상이 더 큰 영향력을 발휘하기에 '욕쟁이 할머니 신화'가 여전히 기세등등한지도 모른다. 18세기에서 19세기에 걸쳐 활동했던 프랑스의 미식가 장 앙텔므 브리야 샤바랭(Jean-Anthelme Brillat-Savarin)은 그 유명한 저서 『미식예찬』에서 "동물은 삼키고, 인간은 먹고, 영리한 자만이 즐기며 먹는 법을 안다"는 말을 남겼다. 영리만 자만이 때론 음식보다 풍경이 더 맛있을 수도 있다는 사실을 알고 즐기는 법이다. 지중해는 그 대표적인 예로 손색이 없을 테고. 색과 배경이 그렇고, 음식과 주인이 그렇다. 동해 바다를 굽어볼 수 있도록 언덕 위에 일치감치 터를 잡은 감각은 어디서 왔던 걸까?

　"1994년도에 다이빙을 하러 처음 감포에 왔는데 그날로 반해버렸어요. 그때만 해도 감포는 궁벽한 시골이었는데 3년 정도 부지런히 드나들었지. 이 물 속을 내가 다 알고 있다고. 처음엔 별장 삼아 살림집을 지어놓

고는 일주일에 한 번씩 대구서 드나들다가 식당 열 생각을 한 게 1997년 이에요. 시작은 취미 공간 비슷했는데 결국은 상업공간이 되어버렸죠'.

지중해는 그야말로 지중해다

처음에는 주말마다 가게 앞 도로가 막힐 정도로 손님이 많았다고 한다.

'분위기 있는 곳에서 식사하려면 지중해만 한 곳이 없다'는 얘기도 그때 생겼다. 본래 파리에서 8년 정도 생활했던 오세용 씨가 꾸민 공간은 애쓰지 않아도 지중해 분위기가 물씬 풍겼다. 건물 외관을 흰색으로 칠하고 외부 계단을 푸른색으로 칠한 것만으로도 족했다. 물론, 내부 인테리어는 한가로운 휴양지 느낌을 낼 수 있도록 꾸몄다. 한국에서 처음으로 이탈리안 화덕 피자를 선보이기 위해 이탈리아에서 화덕 만드는 기술자를 데려올 정도로 공을 들였고 재료 수급이 쉽지 않은 루콜라는 직접 농사를 지어 사용했다. 그때부터 지금까지 지중해는 화덕피자와 스테이크, 파스타, 리조또 등 이탈리아 음식만을 내놓는다.

국내에서 물빛 좋기로는 경남 남해 바다를 꼽는데 지중해 앞에 펼쳐진 감포 바다도 그에 못지않다. 정원에 앉아 해바라기를 하거나 창가에 앉아 하염없이 바다를 바라보고 있으면 시간은 그대로 멈추고, 잡다한 일상의 걱정도 함께 사라진다. 하루 종일 해가 드는 까닭에 정원에는 한가롭게 비파가 익어가고 실내 화분에서는 레몬이 탐스럽게 익어간다.

어느 여름날, 지중해 정원에서 맥주를 곁들여 피자를 먹었다. 정확히 6개월 만에 다시 찾아가 또 한 번 정원에서 피자를 먹었고, 맥주를 마셨다. 겨울인데도 목덜미가 따끔거릴 정도로 햇살이 좋았고 물빛은 여전했다. 가끔, 혼자 찾아가 한갓지게 책을 읽다 와도 좋겠다는 생각이 들었다. 때론 음식보다 풍경이 더 맛있는 집도 필요한 법이니까.

빙초산과는 차원이 다른 천연발효식초의 맛

할매횟집

메뉴 회국수 9천 원 [|] 곱빼기 1만 2천 원 [|] 회밥 1만 2천 원 [|] 물회 1만 3천 원

주소 경북 경주시 감포읍 전촌리 635번지

전화 054-744-3411

영업시간 10:00~21:00 / 연중 무휴

좋은 장을 쓰면 조미료를 넣지 않아도 음식이 달다. 초가 좋으면 음식의 감칠맛이 제대로 살아난다. 요즘은 간장과 된장, 고추장을 직접 담가 쓰는 식당을 꽤 많이 찾아볼 수 있는데 유독 초를 담가 쓰는 집은 찾기 쉽지 않아 아쉽다. 조상들은 생각 외로 다양한 재료를 써서 식초를 담갔고 초를 넣은 음식을 꽤 즐겼다. 1798년 서유구가 지은 『임원십육지』에는 묵은 쌀이나 찹쌀로 지은 고두밥에 곱게 빻은 누룩가루를 섞어 항아리에 담고 물 3말을 부은 다음 독 주둥이를 3겹 종이로 밀봉해 식초를 담그는 법이 소개되어 있다. 남쪽을 향하여 바람이 없는 곳에 49일을 두어 익으면 첫 식초를 따라내고 다시 물 1말반을 넣어 발효시키면 두 번째 식초가 우러나오고 같은 방법으로 네 번까지 가능한데 그때마다 볶은 밀 반 되를 넣는다고 기록했다. 반복해서 발효가 이루어지기 위해서는 아무래도 초산균의 먹이가 필요한데 그 역할을 볶은 밀이 대신한 것으로 보인다. 한 독에서 네 번까지 식초를 우려냈다니 신기할 따름이다.

감포읍 전촌리의 터줏대감 격인 할매횟집은 주인 박순옥 할머니가

직접 담그는 동동주 식초를 넣어 만든 초고추장 하나로 유명해졌다. 박순옥 할머니의 고모가 50년 동안 운영하던 것을 10년 전에 물려받았는데 그때 초고추장 비법도 함께 물려받았다고 한다.

지금은 폐교가 되어버린 전촌 초등학교 앞은 회국수와 회밥을 내는 고만고만한 식당이 제법 몰려 있는 곳인데 그 중에서도 할매횟집에 유독 많은 손님이 몰린다. 할매횟집 회국수가 유명해진 데는 포항 해병대의 역할이 컸다고 한다. 포항에서 감포까지 행군 훈련을 왔다가 한 그릇씩 먹고 가고는 했다는데 그 기억을 잊지 못해 제대 후 꼭 들르는 집으로 이름이 났기 때문이다.

"우리 집 국수는 초고추장을 듬뿍 넣어야 맛이 나니까 더 넣어. 짜지 않으니까 걱정 말고." 주문을 받으면 우선 작은 양은 양푼에 회 몇 점과 미나리를 섞은 회무침을 맛뵈기로 가져다주는데 할매는 손님이 초심자로 보이면 어김없이 초고추장 용기를 빼앗다시피 해서 듬뿍 짜 넣어 주고야 만다.

경주맛집 ― 68 할매횟집

동동주 식초에 쌀조청을 넣어 숙성시키는 초고추장이 맛의 비결

할매네 초고추장에는 직접 담근 매실청과 동동주 식초가 들어간다. 여기에 매실식초, 복분자식초, 감식초를 소량씩 넣어 맛이 풍부한 것이 특징. 모두 가게 한쪽에 마련한 창고에서 오랜 시간 숙성시킨 것들이다. 찹쌀고추장도 마찬가지인데 커다란 항아리와 플라스틱 통에 그득하도록 담가 놓고 맛이 드는 순서대로 덜어서 사용한다. 생강과 마늘을 갈아서 소금을 조금 넣은 다음 한 달간 숙성시킨 후 고추장을 섞어서 숙성시키는 것이다. 물엿이 거의 반 이상을 차지해서 끈적끈적한 시판 초고추장과는 달리 주르륵 흐를 정도로 묽은 할매집 초고추장은 설탕이나 물엿 대신 쌀조청을 넣어 깔끔한 맛을 낸다.

쌀조청은 몇 년 전까지만 해도 직접 만들어 썼지만 지금은 힘에 부쳐 이웃에서 만든 것을 주문해서 쓴다. 그렇다 하더라도 대형 브랜드에서 나온 공장제품과는 달리 단맛이 강하지 않고 순하다. 초고추장을 아무리 많이 넣어도 국수맛이 상큼한 이유이다. 여름에는 쌀조청을 넣지 않는데 날이 더우면 부글부글 끓기 때문이다. 매실청 역시 그해 담근 것은 쓰지 않고 해를 넘겨 숙성시킨 것을 고집한다.

소면 위에 가자미회와 미나리를 소복하게 올려 내는 회국수는 이 집의 대표 메뉴. 회국수와 회밥에 들어가는 가자미회는 그날 잡은 자연산 회만 고집하는데 물 좋은 미주구리를 손바닥만 한 것으로 골라 일 년 내내 쓴다. 빨갛게 비빈 국수를 한 입 가득 넣는다. 어쩌 된 것이 씹을 새도 없이 술술 넘어가 젓가락질 몇 번에 국수그릇의 바닥을 보고야 말았다. 숨을 한 번 몰아쉬고 뜨끈한 국물을 마신다. 멸치로 우리는 여타의 국물과는 달리 생물 민물새우를 넣어 폭폭 끓여내는 진국이다. 일 년에 200kg 이상 구입해 냉동해두고 무와 다시마, 대파 등을 넣어 시원한 맛을 살려 끓인다. 주방 가운데에 있는 오래전 우물 만큼이나 깊은 맛이 난다. 구수하고 칼칼해 마냥 손이 간다.

주인이 직접 잡는 잡어회

동경횟집

메뉴 잡어회 6만 원 ┃ 회밥 1만 3천 원 ┃ 물회 1만 5천 원
주소 경북 경주시 감포읍 장진길 31
전화 054-775-5720
영업시간 09:00~19:00 / 연중 무휴

자연산 회와 양식산 회의 가격이 뚝같은 횟집이 있다. 자연산은 공짜로 잡아오는 거고 양식 산은 돈을 주고 사오는 데 어떻게 자연산 회 가격을 더 받을 수 있느냐는 것이다. 바다가 공짜로 주는 것을 받아오는 것만으로도 황송하니 수족관에서 펄떡펄떡 살아 솟구치는 고기가 아니면 횟감으로 쓰지 않는 것도 철칙이란다. 지금 당장 숨이 넘어간 고기라도 이미 죽은 것에는 변함이 없으니 손님상에 곁들이로 내는 구이로 내거나 단골들에게 인심 좋게 덤으로 건넬 뿐이다. 선도에 조금이라도 이상이 있을 것 같으면 미련 없이 버린다.

"성질 나쁜 놈들은 잡은 지 30분도 안되어서 배에서 죽어버려요. 그래도 선도 면에서는 웬만한 시장 생선은 비할 바가 못 되지요. 남은 것은 이웃도 남겨 주고 손님 갈 때 싸드리기도 합니다."

새벽 일찍 주인 최성일 씨가 작은 어선을 타고 바다로 나가 고기를 잡아오면 노모가 함께 리어카로 나른다. 그 다음은 며느리의 소관이다. 베트남에서 시집온 지 11년이 지났다는데 처음에는 회를 뜨고 매운탕

끓이는 게 영 서툴러 고생을 했다지만 지금은 부엌살림 전부를 도맡을
만큼 솜씨가 늘었다.

　잡아 온 고기 중에 살아있는 것들은 수족관에 넣고 나머지는 바닥에
부려놓았다. 게르치, 방어, 성대, 망상어, 우럭, 고등어 등 종류도 다양한
데 붉은 살생선 쪽이 많다. 참돔이나 농어 등은 쉽게 잡히는 생선이 아니
라 일부러 찾는 손님들을 위해 조금씩 양식산을 가져다 두고 반드시 양
식산임을 밝힌 후 그래도 좋다면 주문을 받는다고.

　"고기는 매일 바다에 나가 쓸 만큼만 잡아와요. 고기 잡는 시간은 길
어야 2시간을 넘기지 않고 잡은 고기는 수족관에 저금하듯 채워둡니다.
도다리나 쥐치, 모래무지 등 그때그때 잡히는 고기로 잡어회를 내는데
광어 큰 것은 4kg 정도 나가요. 물살이 세서 잡히는 고기가 다 육질이 쫄
깃쫄깃합니다."

물회는 본래 어부의 음식

감포는 얼마 전까지만 해도 그다지 매력적인 여행지는 아니었다. 경주 시내에서 가려면 제법 시간이 걸리는 외지에 있는데다 뚜렷한 관광 포인트가 없었기 때문이다. 그러던 것이 2014년에 토함산을 관통하는 토함산터널이 완공된 이후로 드라이브 삼아 쉽게 찾아갈 수 있는 곳이 되었다. 이후로 여행객이 더 늘어난 것도 사실이다. 외지인이 늘면 횟집 주인들이야 좋지만 편하게 찾던 동네 단골들로서는 아쉬울 법도 하다. 음식 값이 오르고 돈이 되는 메뉴 위주로 주인이 신경을 쓰기 십상이니까.

단골들이 꼽는 동경횟집의 별미는 회밥과 물회. 두 가지 음식 모두 푸짐한 매운탕과 생선구이가 따라 나온다. 어판장에서 고기를 사오지 않고 직접 잡기에 가능한 일이다. 게르치나 고등어 등을 통째로 구워 상에 낸다. 잡어회를 주문하면 우럭이나 성대 등의 생선을 통째로 튀겨서 곁들이로 낸다. 생선구이와 생선튀김을 동시에 먹을 수 있는 것이다. 다른 식당에서라면 일품 요리로 내놓을 법한 것들이 모두 곁들이로 나오는 셈이다.

물회를 맛본다. 사이다 맛이 나지 않아 우선 반갑다. "고추장에 식초와 설탕을 좀 넣고 맛을 낼 뿐입니다. 고추냉이는 좀 들어가고요. 여기에 배, 오이, 깻잎, 양파, 청양고추, 마늘을 썰어 넣지요. 예전에 아버님이 물회를 잘 드셨어요. 고추장과 물만 넣어서 말아 드셨는데 그게 정답인 거예요. 지금도 그 맛 그대로 내려고 노력하죠. 요즘 사람들 입맛에 맞춰 설탕도 넣고 식초도 넣지만 과하지 않게 맛을 냅니다."

회밥 역시 밥과 생선회가 거의 동량이다 싶을 만큼 푸짐하다. 두 명이 회밥과 물회 한 그릇씩 주문하면 생선구이와 매운탕까지 더해져 금세 상이 가득 차는데 이따금 성게가 푸짐하게 잡히는 날이면 반은 손님 상에 거저 올린단다. 배에서 내리는 생선 구경을 하려고 새벽 일찍부터 서둘렀던 탓에 회밥과 물회 한상 잘 먹고 났는데도 시간은 겨우 아홉시를 좀 넘겼다. 슬슬 일어서는데 주인이 제법 묵직한 꾸러미를 건넨다. 오늘 아침 명을 다한 그 성질 나쁜 고기들이다.

서울 손님들 번거로우니 일일이 배를 갈라 내장을 꺼내고 깨끗하게 씻어 건져 굵은 소금을 훌훌 뿌려 절였단다. 횟감으로도 충분한 고기니 구우면 단맛이 찰찰 넘치리라. 빈말이 나오지 않았다. 다른 데서는 제법 염치를 차리는 편이다. 공짜를 그다지 좋아하지도 않는다. 그래도 반가웠다. 싸들고 서울 갈 길이 그리 편치는 않겠지만 수산시장 생선에 비할까. 아직 푸른 비늘이 그대로 살아있는 것들이었다. 조금 전, 석쇠에 구워 낸 살맛을 이미 보지 않았는가 말이다. 내친 김에 얼음까지 얻어 스티로폼 박스에 담고 박스 테이프로 돌돌 감아 봉했다. 새삼 드는 생각 하나. "이런 일이 흔하다고? 감포 단골들 참 좋겠다."

새벽 찬바람을 녹이며 마시는 한 잔

포구실비

메뉴 생선찌개(도루묵), 생선구이
주소 경주 감포읍 감포항구길 31-3
전화 054-775-4372
영업시간 아침시간

맛집이라고 얘기하기에는 좀 애매하다. 밥을 파는 것도 아니고 정해진 메뉴가 있어서 유명해진 것도 아니다. 그럼에도 불구하고 지나치기에는 너무 아쉽다. 여행지에서 우연히 만난 낭만적인 선술집 정도라고 해두면 좋을 것이다. 원래 선술집은 '목로'라고 부르는 나무 탁자를 두고 간단하게 서서 술 한 잔 마시고 가는 집을 얘기한다. 일제 강점이 시작된 1910년 무렵부터 생겨난 말이라고 한다. 실비집은 비록 목로는 없지만 새벽 어판장에 나왔던 이들이 새벽 찬바람에 언 몸을 소주 한 잔에 녹이고 가는 감포항의 명물로 이미 유명하다.

감포항 어판장의 하루는 새벽 4시30분이면 시작한다. 밤새 바다에 나갔던 배들이 들어오는 시간이다. 배에서 내린 고기의 위탁 판매가 시작되면 북적이던 포구는, 아침 7시를 넘기면서부터 인적이 끊기게 마련이다. 그때부터 실비집 좁은 공간은 추위에 언 몸을 녹이려는 단골들로 들어찬다. 소주 한 잔에 어울리는 안주가 바로 실비집의 주 메뉴. 가장 인기 있는 안주는 역시 생선구이와 생선찌개. 생선구이는 근방에서

많이 잡히는 꽁치와 가자미를 주로 낸다. 참가자미 구이는 금어기인 7월 15일부터 8월 15일까지를 빼면 거의 일 년 내내 먹을 수 있다. 찌개에 들어가는 생선은 그때마다 다른데 가자미와 도루묵이 가장 흔하다.

매일 얼굴을 보다시피 하는 단골들로 가득한 집이니 낯선 이방인이 기세 좋게 들어서기란 그리 쉽지만은 않다. 문을 여는 순간 쏟아지는 "넌 누구냐"는 호기심 어린 시선을 견뎌낼 수 있어야 한다. 그럼에도 이 집 한번 들러봐야 할 이유는 자명하다. 동네 사람들만 알고 지내기에는 주인의 음식 솜씨가 너무 야물다. 한꺼번에 모두 차려내는 것은 아니지만 작은 냉장고에서 무심하게 꺼내 내놓는 밑반찬에서 그만의 공력을 어림할 수 있다. 콩잎장아찌 하나만 두고 보아도 그렇다.

"콩잎장아찌는 두 가지로 만들어요. 봄에 나는 여린 콩잎은 깨끗이 씻어서 물기만 털어 말리고 먹을 만큼만 된장을 켜켜로 발라 절이지요. 가을에 나는 단풍 콩잎은 만드는 게 좀 복잡해요. 억센 콩잎을 가지런하게 모아 통에 착착 눌러 담고 보릿물에 소금을 타서 부은 다음 무거운 돌

경주맛집 ― 76 포구실비

로 눌러 20일 정도 삭히는 거예요. 이걸 꺼내서 물에 헹궈야 하는데 제대로 안 하면 냄새가 아주 독해요. 물을 붓고 두었다가 노란 물이 우러나면 짜내고 다시 물에 담가두는 과정을 대여섯 번은 해야지. 냄새가 좀 빠졌다 싶으면 멸치액젓 양념장을 얹어가며 한 장씩 재요. 이렇게 하면 바로 먹어도 되지. 양념장에는 고춧가루와 물엿을 좀 섞고 양파와 마늘, 고추를 적당히 채쳐서 넣어요. 이걸 콩잎 위에 얹는 거라."

똑 떨어지는 콩잎장아찌와 청어알젓의 맛

예전, 경상도가 고향인 어느 요리연구가로부터 어린 시절의 콩잎장아찌에 얽힌 추억을 들은 적이 있다. 딸만 셋인 집이었는데 아버지의 자식 사랑이 얼마나 대단했는지 예쁜 딸들 손가락에 구린(!) 콩잎장아찌 냄새가 밸까봐 일일이 당신이 장아찌에 밥을 싸서 입에 넣어주었다는 것이다. 잘 삭힌 콩잎을 헹궈서 별다른 양념 없이 밥을 싸먹었던 모양인데 양념을 해도 그 냄새는 어디 안 가고 은은하게 배어 오히려 밥맛, 아니 술맛을 돋운다. 콩잎뿐이랴. 100일 동안 설탕에 절였다가 건진 매실을 간장에 담가 만든 매실장아찌와 새콤달콤하게 절인 미역줄기장아찌도 딱 밥 한 그릇 청하고 싶을 정도의 맛을 낸다. 반찬을 이렇게 내면서 밥을 주지 않는다니 참 가혹한 주인 다 보겠다. 겨울에 담가 두었다가 조금씩 아껴가며 내는 청어알젓 이야기에 이르면 슬그머니 화가 날 정도다. "자랑 하나 더 해야지. 겨울에는 청어알젓을 담가요. 이걸 무치면 입 안에서 톡톡 터지는데 청어알젓 먹다가 명란젓은 심심해서 못 먹지."

　배가 들어오면 그날 물이 좋은 횟감을 가져와 썰어 낸다. 오징어와 가자미회를 주로 내는데 청어가 많이 나올 때 급랭해두었다가 꺼내서 초장에 무쳐 내기도 한다. 그만한 규모의 식당에서 초장을 따로 만든다는 것도 흔한 일은 아니다. 초장이 주르륵 흐르지 않고 유독 뻑뻑하다 싶더니 직접 식초를 담가 쓴단다.

"옛날에는 식초 단지에 막걸리를 부어서 부뚜막에 두고 아침에 일어나면 한 번씩 흔들어주곤 했어. 그냥 두면 초가 죽어버리거든. 지금도 마찬가지예요. 식초야 내캉 살자 말붙이면서 하루 한 번 흔들어주지. 나도 잘 자고 너도 잘 잤는지 서로 안부를 묻는 거야."

원래는 새벽에만 커피장사를 했다고 한다. 지금의 가게자리는 세를 주고 어판장 근처 노점에서 믹스커피를 팔다가 6년 전부터 직접 운영을 하고 있다. 새벽녘에 장사를 하다가 손님이 끊기면 미련 없이 가게를 비우고 집으로 들어가 낮잠을 즐긴다. 손님이 들러 전화를 하면 다시 내려와 상을 차려주는 식이다. 낯선 술집에 발 들여놓기가 어렵다면 첫새벽, 실비집 앞에 차려놓는 뜨끈뜨끈한 어묵꼬치를 맛보는 것도 좋다. 가볍게 술 한 잔 걸치고 돌아서는 단골들이 제법 많다. 찬바람을 등으로 맞으며 그 꼬치 하나 맛보는 것만으로도 새벽 낭만은 차고 넘친다.

더하고 뺄 것 없이 알찬 백반 한상

황포돛대식당

메뉴 백반 7천 원 ┃ 생선찌개 1만 원 ┃ 회국수 1만 원
주소 경북 경주시 감포읍 동해안로 2056-4
전화 054-775-0322
영업시간 08:30~19:00

여행길에 정갈한 백반집을 만나면 횡재한 기분이 든다. 비싸고 어설픈 집에 가서 아까운 돈 날리면 그것만큼 속 쓰린 일도 없다. 후회라는 감정보다 어수룩하게 당했다는 분함이 더 못 견딜 일이다.

감포읍 황포돛대식당은 그야말로 동네 백반집이다. 간판이 번듯한 곳도 아니요, 가게 규모가 커서 손님들로 북적이는 곳도 아니다. 그저 밥때가 되면 단골들이 모여 들어 주인이 내주는 밥상을 조용히 받아먹는다. 인근 골프장을 드나들다 우연히 발견해 보물처럼 아껴두고 찾는 외지 손님들이 좀 있을 뿐이다. '매운 손끝 맛'이라고밖에 표현할 수 없을 것 같다. 주인 황행숙 씨의 솜씨는 1인분에 기십만 원을 받는 서울 어느 한정식점 음식에 뒤지지 않는다. 화보 촬영을 위해 차려낸 음식이 아닌가 싶을 만큼 정갈하다. 경상도 밥상답게 간이 좀 세다는 느낌도 들지만 밥 한 그릇 더 청할망정 포기하고 싶지는 않은 밥상이다.

가지는 폭 익히고 간장 양념이 듬뿍 배어들도록 참기름 둘러 무쳤다. 깻잎향이 슬쩍 감도는 회 무침은 초장 맛이 과하지 않아 편하다. 매콤한

고추향이 살짝 밴 멸치볶음은 물엿 범벅으로 딱딱하게 굳혀 놓아 입맛을 버리게 하는 여느 식당의 그것과는 달리 윤기가 자르르 흐르면서도 탄력 있게 씹힌다. 소금 간을 기막히게 조절해 짜지 않은 가자미구이, 미역줄기볶음, 톳 무침, 콩잎찜, 열무물김치, 버섯볶음, 두부조림 접시를 놓고 시원한 미역오이냉국을 곁들였다. 호박은 반달 모양으로 썰어 볶았는데 너무 볶아 뭉그러지지도, 설익어 설컹거리지도 않게 어찌 그리 때를 잘 맞췄나 싶을 정도. 그 위에 종종 썬 파와 홍고추를 얌전하게 얹어 모양까지 냈다. 때때로 바다 사정에 따라 달라지는 생선찌개를 상에 올리기도 하고 미주구리 구이나 조림을 더하기도 한다. 이 모든 음식을 올린 백반 한상에 겨우 7천 원. 가히 횡재지 않은가 말이다.

"뭐든 제철에 나는 걸 써야지. 생선도 제물에 나오는 게 진짜배기에요. 나는 요란하게 육수내서 음식 만든다는 식당은 아예 안 가요. 재료가 좋으면 잡맛도 없고, 비린 맛도 없어. 그런데 왜 쓸데없이 이것저것 넣는지 몰라."

한정식보다 걸지다, 골목집 백반

정답이다. 주인의 말솜씨도 음식만큼이나 군더더기 없어 좋다. 미리 갈무리해두는 것은 국거리로 많이 쓰는 시래기. 단맛이 제대로 든 제철 배추 겉잎을 데쳐서 찬물에 헹궈 건진 다음 적당한 길이로 썰고 된장에 버무려 한 번 쓸 분량씩 봉지에 넣어 급랭해둔다. 300개 정도 만들어 두어야 안심이다. 끓일 때는 쌀뜨물에 멸치 넣어 국물을 내고 제피 가루를 조금 넣어 개운한 맛을 살린다.

정식만으로는 아쉬운 외지 손님들은 회를 주문하기도 하는데 이 역시 아침에 어판장에 나가 구해온 것을 직접 썰어 낸다. 무슨 음식이든 다른 사람 손 빌리지 않고 직접 해야만 속이 편하기 때문이란다. 잡어나 참가자미를 썰어서 무쳐낸 회국수와 횟밥도 별미로 주문해봄직 하다. 초장을 많이 쓰다 보니 고춧가루 20근은 족히 빻아 고추장을 직접 담근다. 일일이 말려서 손질해 빻은 고추 170근을 미리 마련해두는 것도 중요한 일이다. 식초 역시 전통 방식으로 발효시킨 것. 이것도 동네 지인이 만든 감식초를 한 말씩 받아다 쓴다고. 고추장과 마른 고추 간 것, 매실청, 다진 마늘, 다진 생강 등을 섞어 만드는 초고추장은 물엿 범벅이라 물에 잘 풀어지지도 않는 시중 제품과 달리 깔끔하고 개운하다.

온마리 그대로 상에 올리는 멸치젓은 12월에 담가 백일 숙성시킨 다음 이듬해 3월에 떠서 냉동고에 보관해두고 쓴다. 이 멸치젓 한 마리면 밥 반 그릇쯤 어디로 도둑맞았는지 모르게 없어지는 게 흠이라면 흠이지 싶다. 감포 깍지길을 둘러보는 길에 들르면 좋을 집이지만 준비한 밥이 떨어지면 더 이상 욕심 부리지 않고 바로 문을 닫아버린다니 마음 먹었다면 미리 서두르는 편이 낫다.

각종 해초가 풍성한 대중 횟집

감포횟집

메뉴 물회 1만 5천 원, 회밥 1만 5천 원, 복어탕 1만 5천 원
주소 경북 경주시 감포읍 대밑길 12-54
전화 054-775-7810
영업시간 09:00~21:00 / 명절 휴무

문무대왕릉을 구경하고 여러 명이 가까운 횟집을 찾는다면 추천할 만한 집이다. 감포횟집의 특징은 인근 바닷가에서 채취한 각종 해초가 메인 요리인 회가 나오기 전에 상에 깔린다는 점이다. 김과 잘 익은 김치에 싸 먹는 꽁치구이, 삶은 고동과 새우, 호박죽, 된장찌개 등이 회가 나오기 전에 한상 차려진다. 이 밑반찬들은 철에 따라 조금씩 달라지는데 이 밑반찬과 함께 해초를 먹고 있으면 회가 나온다. 해초는 꼬시래기, 미역줄기, 곰보 미역 등 여러 가지고 그 신선도가 좋다. 해초를 좋아하는 사람들은 리필해서 먹어도 된다.

회는 방어, 가자미, 도다리 등 제철에 많이 잡히는 자연산 회와 양식인 우럭과 광어가 섞여 나온다. 자연산 회 공급이 딸리면 우럭과 광어 비중이 높아지지만 이것은 복불복이다. 초장, 간장이 맛있어 회맛을 배가 시킨다. 자연발효시킨 간장을 사용한단다. 콩가루와 함께 야채무침이 나와 초장과 함께 회를 넣어 쓱쓱 비벼먹어도 좋다. 바닷가에서 자라지 않은 사람들은 회밥이나 회국수, 물회 등을 특별하게 생각하지만, 사

실 동해안 사람들에게 이런 것은 그냥 일상식이나 다름없다. 회에 채소 넣고 밥 넣고 비비면 회밥이고, 물 부으면 물회다. 다만 동해안 사람들은 물회에 초고추장보다 고추장 넣는 것을 더 선호한다.

감포횟집은 대게 철이면 대게도 먹을 수 있고 사시사철 먹을 만한 해산물을 안정적으로 수급하기에 비교적 싼 값으로 여러 해산물을 먹을 수 있다. 해장에 좋은 물곰탕도 시원하다. 복어탕을 좋아하는 사람이면 복어탕도 권할만하다. 이 집 주인이 복어조리기능사 자격증을 가지고 있어 안심하고 먹을 수 있다.

솟대공방을 겸한 백숙 맛집

깍지집

메뉴 백숙 옻닭 2만 원 | 백숙 옻오리 3만 원
주소 경북 경주시 감포읍 장진길 25-1
전화 010-4459-1067
영업시간 10:00~21:00 / 연중 무휴

최근 '감포 깍지길'이라는 단어가 제법 유명해졌다. 감포읍에서 추진하고 있는 스토리 벨트 조성 사업 덕분이다. 지역 자원과 오랜 문화 이야기를 엮어 스토리텔링 작업을 거친 후 내놓은 결과물이다. 감포 깍지길은 모두 여덟 구간으로 이루어져 있다. 해안을 따라 걷기만 해도 좋을 길이 있고, 자전거를 타고 돌면 더 좋을 것 같은 길도 있다. 한갓진 드라이브를 즐기기에 더할 나위 없음은 물론이다.

깍지는 열 손가락을 서로 엇갈리게 바짝 맞추어 잡은 상태를 말한다. 장고를 거듭하는 고독한 CEO의 이미지를 그린 광고의 한 장면이 아닌 바에야 깍지는 대개 두 사람이 끼게 마련이다. '손깍지'라고 부르면 그 느낌이 더욱 확실해진다. 남녀가 백날 만나봐야 마음을 제대로 열지 않는다면 손깍지 낄 일은 없을 것이다. 적어도 '오늘부터 1일'이라는 극적 선언 정도는 겪친 후에야 깍지 잡을 명분이 생긴다. 햇살 좋고, 바람 좋은 날에는 감포 깍지길이 제격이다.

전촌 장진항에 있는 깍지집은 깍지길의 시그니처로 통하는 솟대를

만드는 솟대공방을 운영하는 장성호 씨가 닭과 오리 백숙을 내는 식당이다.

솟대는 원래 긴 장대 끝에 오리 모양을 깎아 올려놓아 하늘과 땅을 연결하는 신간 역할을 하여 화재, 가뭄, 질병 등 재앙을 막아 주는 마을의 수호신으로 모셨다. 그러던 것이 풍수지리사상과 과거 급제에 의한 입신양명의 풍조가 널리 확산됨에 행주행 지세에 돛대로서 세우는 짐대와 급제를 기념하기 위한 화주대로 분화 발전되었을 것으로 추측한다. 그리하여 오리는 물새가 갖는 다양한 종교적 상징성으로 인해 농사에 필요한 물을 가져와 주고, 화마로부터 지켜주며, 홍수를 막아주는 등 마을의 다양한 욕구에 부응하는 마을지킴이로 존재한다. 솟대의 새는 한 기둥에 세 마리를 얹은 경우, 새의 머리 방향이 세 마리 모두 북쪽을 향하고 있는가 하면 각기 동쪽, 남쪽, 북쪽을 향하기도 한다. 새가 두 마리인 경우 서로 마주보고 있는가 하면 같은 곳을 응시하기도 한다. 또 한 마리 감포 깍지길에는 솟대가 많이 늘어서 있는데 이 모든 것을 주인 장성호 씨가 직접 깎아 세웠다. 마을의 안녕과 풍어를 기원하는 의미를 담고 있는데 지금은 감포를 찾는 여행객들에게 좋은 구경거리가 되고 있다. 솟대공방을 함께 운영하는 덕분에 식당 입구는 물론, 실내 구석구석 다양한 솟대가 장식되어 있는 깍지집은 수십 가지의 장아찌를 함께 내놓아 백숙 맛을 돋운다. 직접 만드는 장아찌의 안주인의 솜씨. 양파, 무, 오이, 매실, 엄나무 잎 등으로 만든 장아찌는 짜거나 시지 않아 맨입에 먹어도 좋을 정도. 미나리장아찌는 얌전하게 접어서 매듭을 지어 놓을 정도로 정갈한 솜씨가 돋보인다. 다시마와 우무도 먹기 좋게 간을 들여 올렸고 아삭이고추를 직접 담근 된장에 버무려 내놓는다.

자칫 거부감이 들 수 있는 옻닭과 옻오리를 전문으로 하는 만큼 다양한 한방 재료를 쓴다는 것이 깍지집의 특징. 감초, 당귀, 헛개, 엄나무, 황귀 등의 약재에 대추, 생강, 도라지 등의 좋은 재료를 섞어 좋은 기운을 올리고 맛을 돋운다. 비린 맛이 전혀 나지 않고 국물이 유독 개운한 것도 아낌없이 사용한 한방 재료 덕분이다. 잘 익은 배추김치와 아작아작 씹히는 총각무김치도 입맛을 제대로 돋운다. 솟대공방에서는 체험교실을 운영하고 작고 앙증맞은 솟대도 판매한다.

그 옛날,
청어 과메기의 맛

지금, 꽁치 과메기는 전 국민이 모두 아는 음식이 되었다. 그렇게 된 데는 포항 구룡포 사람들의 공이 크다는 것을 무시할 수 없다. 그러나 30년 전, 꽁치가 아닌 청어를 말려 만들던 청어 과메기는 경상도 바닷가 사람들만 아는 음식이었다. 경주에서 나고 자란 나 역시 겨울이면 청어과메기를 먹었다. 그때는 지금과 달리 청어가 흔해 회로도 먹고 구워도 먹다가 남으면 내장을 빼지 않고 배가 위로 가도록 새끼로 두름으로 묶어 말렸다. 바닷가에서 해풍을 맞혀가며 말리기도 하고 부엌 살강에 걸어 말리기도 했다. 배가 위로 가도록 매달면 밤에는 얼고 낮에는 녹기를 반복하는 동안 청어 내장 속의 기름이 살로 스며들어 그 맛이 배가 되기 마련이었다. 이렇게 만든 과메기는 살짝 구워도 먹고 껍질만 벗겨 그대로 먹는다. 날로 먹을 때는 초장을 찍어 먹는데 겨울에 더 맛있는 물미역을 감아 먹기도 했다.

청어 과메기를 제대로 먹는 법은 청년 시절, 대폿집에서 배웠다. 대폿집 탁자는 알다시피 가운데가 뻥 뚫려 있다. 여기에 연탄불을 피워 놓고 생선을 굽든, 고기를 굽든 하는 것이다. 겨울이 되면 우리는 이 대폿집에 모여 앉아 과메기에 소주잔을 곁들이곤 했다. 네 명이 앉으면 깨끗하게 씻은 과메기를 가져온다. 우선 머리를 쥐고 살짝 돌려서 쭉 당기면 내장이 쏙 빠져나온다. 해풍에 마르는 동안 삭아서 꼬릿꼬릿한 냄새를 풍기는 내장을 초장에 찍은 다음 얼른 소주 한 잔을 들이켠 후 입에 넣는다. 쌉쌀하면서도 꼬릿한 맛이 그만이다. 나는 지금도 꽁치구이나 청어구이를 먹을 때면 남들은 질색을 하는 내장까지 먹는다. 쌉쌀한 맛을 즐기기 때문이다.

내장을 먹은 다음에는 과메기 껍질을 주욱 잡아당겨 벗긴다. 껍질 안쪽에 고추장을 슥슥 발라 연탄불에 살짝 구우면 오그라들면서 양념이 마를 정도로 구워진다. 이걸 접으면 또 하나의 요리가 완성된다. 이걸 먹고 두 번째 소주를 들이킨다. 다음에는 뼈를 잡아당겨 역시 연탄불 위에 놓은 석쇠에 구워 소주와 함께 먹는다. 통째로 구운 뼈는 바삭바삭 씹힌다. 그 다음에는 잘 알려져 있다시피 남은 살코기를 먹는다. 내가 아는 과메기의 맛은 1이 내장, 2는 껍질, 3은 살코기이고, 4는 뼈의 맛이다.

지금 사람들이 즐기는 과메기는 사실 진정한 의미의 과메기가 아니다. 그런 건 내장의 기운이 하나도 남아있지 않아 맛이 덜하다. 굳이 표현한다면 반건조 꽁치라고나 해야 할 것이다. 요즘은 나도 과메기를 그리 즐기지 않는다. 옛날 맛이 안 나기 때문이다. 겨울에 감포를 지나다보면 예전처럼 통마리로 두름을 엮어 청어나 꽁치를 말리는 집을 더러 만나지만 대부분은 배를 갈라 내장을 빼내고 말린다. 그렇게 말리는 생선은 아까운 기름이 모두 밑으로 떨어져 맛을 버리고 만다. 그 옛날, 연탄불에 껍질 말려 구워먹던 과메기의 맛이 몹시도 그립다. 겨울바람에 내장의 기름이 얼었다 녹았다 하는 동안 살 속에 박히는 바람의 비릿한 맛을 느껴보고도 싶다. 아마, 어려울 것이다.

김상유(신라문화동인회 회장)

2

정갈하다
경주의 진미

음식을
먹는다는 것은
몸의 균형을
바로 잡는 일

'한식의 세계화'는 아득히 멀다고 개탄하는 사람들이 첫 손에 꼽는 병폐는 한국인 특유의 음식 효용에 대한 맹목적인 믿음이다. 음식 소개에서 빠지지 않는 '당뇨에 좋다'거나 '혈압을 낮추는' 등의 사족이 영 거슬린다는 것이다. 맛, 신선한 재료, 아름다운 담음새 등을 음식의 평가 기준으로 삼는 외국인, 특히 서양인들에게 있어 '몸에 좋은'이라는 요소는 음식을 선택하고 즐기는 데 그다지 큰 영향을 끼치지 못한다.

물론, 서양에도 특정 식품을 약품처럼 사용한 역사가 아주 없지는 않다. 고대부터 만병통치약처럼 쓰였던 꿀이 그랬고, 중세시대까지만 해도 부유층이 아껴가며 썼던 설탕이 그랬다. 강장제, 혹은 최음제로 여겼던 캐비어, 샴페인, 초콜릿, 달팽이 등은 19세기에 이르러서야 비로소 서민들이 맛을 볼 수 있게 된다. 귀한만큼 여러 사람 앞에 자랑하며 즐기려면 이런저런 스토리 부여가 필요했을 것이다.

17세기 화가인 얀 반 드 벨데(Jan van de Velde)의 그림을 비롯해 비슷한 시기에 그려진 꽤 많은 정물화에는 포도주, 석화, 레몬이 함께 등장

한다. 아직까지 귀족들의 전유물이었던 굴은 당시에 최음제 중 으뜸으로 여겨졌지만 냉장기술이 발달하지 않았던 때라 불안함은 있었던 모양이다. 그때 필요한 재료가 바로 레몬이었다. 남부 유럽에서 생산되는 레몬이 해독제로 쓰였기 때문이다. 유럽인들은 지금도 여전히 굴과 캐비아를 샴페인에 곁들이며 '사랑의 묘약' 효과를 얘기한다. 굴을 유독 즐겼던 카사노바의 전설을 황당해하는 서양인은 없다. 그렇다 해서 굴과 레몬을 먹을 때마다 '힘'을 강조하지는 않는다. 레몬즙 한 방울에 카사노바의 전설을 곁들여 뿌림으로써 그 맛을 배가시킬 뿐이다.

한식은 그 자체로 보약이다

조상들은 음식을 단지 맛으로만 즐기지 않고, 병을 예방하거나 몸의 균형을 바로 잡아 건강한 삶을 영위하는데 쓰고자 했다. 세종부터 문종, 단종, 세조에 이르기까지 네 임금을 모셨던 어의 전순의는 『식료찬요(食療纂要)』에서 일상적으로 먹는 음식을 통해 질병을 치료하는 법을 자세히 다루었다. 몸이 붓거나 유산기가 있는 임신부에게 잉어탕을 먹도록 하는 지금의 민간요법은 1460년에도 통용되었다.

재미있는 것은 특정한 장부에 문제가 있으면 동물의 해당 장부를 조리해서 먹도록 했다는 것이다. 같은 것을 취해서 같은 것을 이롭게 한다는 이류보류(以類補類)의 원리를 적용시킨 셈이다. 약재와 식재료를 따로 구분하지 않고 주변에서 구하기 쉬운 것을 사용하도록 했는데 위장관의 기능을 좋게 하고 설사를 그치게 하려면 곶감을 쪄서 부드럽게 먹으라고 적는 식이다. 병을 치료하려면 우선 오곡(伍穀), 오육(伍肉), 오과(伍果), 오채(伍菜)로 다스릴 생각을 해야지 마른 풀과 나무의 뿌리를 먼저 찾는 것은 옳지 않다는 것이다. 인삼이나 귤피, 생강, 맥문동, 밀, 아교 등의 약재도 반드시 식재료와 함께 쓰도록 했고 소금, 장, 초, 사탕 등

의 양념 역시 병증과 재료에
따라 가감하라고 쓰고 있다.
한식의 뛰어난 가치를 얘기할
때 흔히 조화와 상생이라는 표
현을 많이 쓴다. 이에 대해 한
식학자인 김상보 선생은 약식
동원(藥食同源)이라는 말이

한식처럼 잘 들어맞는 음식은 없다고 얘기한다. 동물성과 식물성 재료
를 고루 사용하는 음양조화(陰陽造化), 다섯 가지 맛을 내는 식품을 고
루 먹으라는 오미상생(伍味相生), 다섯 가지 색을 고루 사용하라는 오색
상생(伍色相生), 적당히 골고루 섭취하라는 소의소기(所宜所忌), 동물
의 특정 부위가 사람의 특정 부위의 건강에 좋다는 이류보류(以類補類)
의 원리에 기초한 한식은 그 자체로 보약이 될 수 있다는 것이다.

　　차가운 냉면에 따뜻한 성질을 내는 겨자를 곁들이거나 땀을 많이 흘
려 속이 냉한 몸에 닭을 고아 먹는 식습관 속에서 우리는 늘 약선을 실천
하고 살아왔다. 그럼에도 유독 건강한 음식에 목말라하는 게 요즘의 우
리다. 삼시세끼 제대로 된 밥상을 차려 먹으면 좋겠지만 그렇지 못한 처
지이니 몸에 좋다는 음식을 찾아 불원천리 먼 길도 마다않는 것이다. 나
물 반찬 많이 내는 식당을 가장 좋아하고 많이 찾는 고객층은 주부들이
라고 한다. 간장, 고추장, 된장에 각각 조물조물 무쳐내는 그 과정이 귀
찮고 성가시다는 것을 누구보다 잘 알기에 같은 값이면 나물반찬 많은
식당으로 두말없이 모여드는 것이다.

　　경주의 음식은 점잖다. 그리고 풍요롭다. 산과 들, 물에서 나오는 물
산이 이처럼 풍부한 고장도 드물다. 건강한 음식을 맛있게 내려고 애쓰
는 식당들을 찾아가는 일은 즐겁다. 한 도시에서 이런 식당 세 군데만 찾
아가 맛볼 수 있다면 그 여행은 성공적이었다고 말할 수 있을 것이다.

곡류를 달여 만드는 쌈장

웰빙황토우렁이쌈밥

메뉴 제육철판과 우렁이쌈밥 1만 원 ¦ 오리훈제와 우렁이쌈밥 1만 5천 원
주소 경북 경주시 현곡면 용담로 847
전화 054-777-6603
영업시간 11:00~21:00 / 연중 무휴

여름 밥상에 강된장이 빠지면 섭섭하다. 매운 고추 두어 개와 한창 맛이 오른 애호박을 잘게 썰어 넣고 바글바글 끓여낸 것을 밥에 비비면 그야말로 꿀떡 넘어간다. 살풋 쪄서 풀기만 없앤 호박잎에 얹어 먹어도 맛있고, 손바닥에 겹쳐 깐 상추쌈에 얹어도 꿀맛이다. 먹다 남은 뚝배기에 된장을 조금 더 풀어 넣고 애호박과 고추를 더해 한 번 더 끓이면 맛은 더 좋아진다. 여름 밥상의 화수분이나 다름없다. 먹을 것이 넉넉지 않았던 옛 사람들에게 된장은 여름뿐만 아니라 사철 귀한 식재료가 되었을 것이다. 날된장에 풋고추를 찍어 먹기도 하고, 전라도 해안가에서는 물에 풀어 국처럼 먹었다고도 하지만 역시 바글바글 끓인 강된장의 맛은 당하지 못했으리라.

기름이 뜨지 않고 물이 흐르지 않는 된장을 체에 걸러서 그것이 한 탕기이면 참기름 한 종지, 식초 한 종지, 날 돼지고기 난도질한 것 한 보시기, 후춧가루 · 생강 · 파 · 고추 각각 조금씩, 그리고 천초는 많이 섞어 넣고

물을 많이 부어서 그릇에 담는다. 그릇 입구를 단단히 봉하여 기운이 새지 않도록 해서 숯불 위에서 졸여 익힌다. 익어서 감미로운 냄새가 나면 세게 달여서 물맛이 없도록 한다. 맛이 아주 알맞게 되면 따뜻할 때 먹는다. 나머지를 나중에 또 먹을 때에는 탕을 다시 데워서 먹는다. 송이를 찢어 넣고 익혀 먹으면 맛이 매우 좋다. 천초를 많이 넣으면 맛도 좋고 된장의 역겨운 맛을 없애며 냄새 또한 좋다.

『주찬(酒饌)』 – 돈장증(頓醬烝) 만드는 법, 1800년대 초엽)

1800년대에 편찬된 작자 미상의 기록인 『주찬(酒饌)』에는 돈장증이라는 조리법이 소개되어 있다. 돈장은 된장의 충청도 사투리니 돈장증(頓醬烝)은 '된장찜' 정도로 해석될 수 있는 음식인 셈이다. 그러나 조리법을 살펴보면 강된장의 조리법과 비슷하다. 강된장은 원래 끓이는 음식은 아니다. 갖은 양념을 한 된장을 가마솥 밥 뜸을 들일 때 그 위에 얹어 찌거나 불 위에 얹더라도 중탕을 해야 제격이다. 국물이 흥건한 찌개와는 달라서 바특하게 국물 없이 만들어야 한다. 그래야 쌈에 얹기 좋은 것이다. 쌈에 얹으려면 이왕이면 건더기가 많은 것이 좋은 법. 그래서 고기를 썰어 넣거나 논에서 잡은 우렁이를 넣는다. 그러나 옛날식으로 가마솥에 불을 땔 수는 없는 노릇이라 요즘은 간편하게 뚝배기에 넣어 끓일 뿐이다.

언젠가 유기농법으로 쌀을 재배하는 농부를 취재할 때의 일이다. 논 여기저기 빨간 꽃이 피어있기에 궁금해서 물어보니 "그게 다 우렁이 알"이라는 답이 돌아왔다. 우렁이가 5월부터 10월까지 무려 7~8번이나 산란을 한다는 것이다. 모내기를 한 5월부터 벼가 패서 수확하는 10월까지 농부는 수도 없이 논에 드나들 수밖에 없다. 그때마다 손에 잡히는 대로 한 줌 집어오는 우렁이는 참말 요기한 찬거리가 되어주었을 것이다.

이 쌈장 남기는 사람은 쌈 먹을 줄 모르는 사람

"내가 먹으면 한 그릇 반은 더 먹지." 아버지 백종수 씨는 쌈장만큼은 어디에 내놓아도 지지 않는다는 자부심이 있다고 했다. 누구에게도 맡기지 않고 모든 과정을 직접 하기 때문이란다. 경주 시내만 해도 유명한 쌈밥 식당이 제법 되지만 경주 토박이들은 굳이 먼 웰빙황토우렁이쌈밥집을 찾는다. 쌈장 맛이 워낙 독특하기 때문이다.

"우선 멸치, 다시마, 새우, 마늘, 양파를 한데 넣고 끓여 육수를 푹 우려냅니다. 여기에 된장과 볶은 콩, 현미, 밀, 찹쌀 등을 넣고 세 시간동안 달여요. 그 외에도 여러 가지 곡물을 같이 넣어야 구수해요. 곡류만 여섯 가지, 그 외에 들어가는 재료들이 열여섯 가지나 됩니다. 이렇게 만든 쌈장을 뚝배기에 담고 청양고추, 깻잎, 우렁이, 파를 올려서 살짝 끓여 내요. 예전에는 소고기 잡뼈를 24시간 끓여서 우린 육수를 넣기도 했는데 힘이 들기도 하지만 깔끔한 맛이 덜한 것 같아 해물을 넣은 육수로 바꿨

어요. 견과류를 넣는 집도 많지만 우리 집은 견과류를 쓰지 않아요. 곡물을 많이 넣는 것만으로도 충분하니까.”

쌈장을 먹어보니 우선 짜지 않다. 맨입에 먹어도 될 정도인데 쌈에 얹어 싸먹어도 좋지만 따뜻한 밥 위에 올려 비벼 먹어도 맛이 그만이다. 원래는 강된장처럼 짜게 만들었지만 손님들이 짠 음식을 싫어해 싱겁게 만들기 시작했다고 한다. 장성한 아들들이 식당을 맡아 운영하지만 쌈장만큼은 아버지가 직접 열흘에 한 번씩 만든다. 오래 두고 쓰면 신선도가 떨어져서 맛 보장이 안 되기 때문이다. 김해에 있는 아버지가 직접 만들어 24시간 냉장 숙성한 다음 우렁이와 함께 경주, 포항, 대구에 있는 지점에 보내면 각 지점에서는 계약 재배한 쌈채와 함께 손님상에 낸다.

아버지 백종수 씨는 2년간 우렁이를 직접 키우면서 그 습성을 모두 파악했다고 한다. 쌈채 역시 3년 전까지만 해도 직접 유기농법으로 재배한 것만을 썼다고. 지금은 워낙 필요한 양이 많아 믿을 만한 농장을 몇 군데 정해두고 계약 재배해 쓴다.

“계절에 따라 조금씩 달라지지만 상에 내는 상추만 해도 종류가 18
가지나 됩니다. 꽃상추, 적상추, 청상추, 로메인상추, 먹상추 등을 번갈아
가며 써요. 그 외에도 겨자잎, 쑥갓, 배추 속대, 케일, 적겨자, 로즈 등 쌈
채 종류를 다양하게 쓰지요. 쌈채 몇 가지를 바구니에 내는 다른 쌈밥집
과는 워낙 달라 손님들이 좋아해요. 골고루 맛볼 수 있으니까요.”

시퍼렇게 물오른 쌈채가 그득한 밥상

상차림은 푸짐하다. 우선 열 가지가 넘는 쌈채를 보기 좋게 담은 커다란
접시를 놓아 무게중심을 잡고 매콤하게 맛을 낸 제육볶음을 올렸다. 여
기에 두부부침, 콩나물무침, 달걀찜, 멸치볶음, 샐러드, 오이미역냉국, 상
추와 깻잎 장아찌도 곁들여진다. 우렁쌈장 뚝배기는 개인별로 하나씩
놓는다. 짜지 않아 남기는 사람이 별로 없다. 무엇보다 장한 것은 쌈채
잎이 모두 싱싱하게 물이 올라 있다는 것. 식당을 찾은 것은 여름이 한창
일 때였다. 여름에는 상추가 모두 싱싱할 것 같지만 텃밭에서 조금씩 심
어 먹는 것이 아니라면 오히려 더 맥을 못 추는 경우가 많다. 날이 가물
면 상추가 새들새들하고 기온이 높으면 녹아버리기 때문이다. 요즘에는
노지에서 재배하는 상추가 별로 없고 모두 하우스재배를 하는 것도 그
런 이유에서이다.

“원래 쌈채는 낮과 밤의 기온차가 많은 가을 것이 제일 맛있어요. 여
름은 맛이 들쭉날쭉하지. 비가 많이 오면 싱겁고, 날이 더우면 녹아버려
서 수확 자체가 어렵거든. 재미있는 건 같은 포기에서 따는 상추라도 맛
이 다 다르다는 거예요. 첫물 상추는 맛이 별로 없어요. 세 번째에서 다
섯 번째까지 따는 것이 모양도 좋고 맛도 좋지요. 사람이나 짐승이나 결
혼 적령기에 제일 예쁘잖아요. 채소도 마찬가지라. 그 이후는 잎도 얇아
지고 작아져요. ‘구구팔팔’이라는 말, 다 거짓말이에요. 어떻게 사람이 다

늙어서까지 팔팔할 수가 있나. 쌈장에 찍어 먹는 풋고추도 마찬가지예요. 서너 번 따먹고 나서 달리는 것이 모양도 예쁘고 맛도 좋아요."

쌈 맛을 좋게 하는 데 꽤 큰 역할을 하는 제육볶음도 예전에는 참나무 장작과 솔잎으로 불을 땐 다음 그 위에 석쇠를 얹어 구워냈다고 하다. 은은한 불 맛이 살아 있어 인기가 많았다고. 그 향을 못 잊어 찾아오는 손님도 많지만 힘도 들고 워낙 손님이 많아 지금은 가스 불에 볶아 내놓는다. 음식 맛 좋은 식당이 규모를 확장하거나 프렌차이즈 사업을 시작하면 본래의 맛을 버리고 이도저도 아니게 되기 십상이지만 황토우렁이 쌈밥집은 그 걱정을 조금은 덜 수 있을 것 같다. 작은 아들이 맡고 있고 있는 경주 본점과 큰 아들이 건사하는 대구 점 외에도 포항에 2개 지점이 더 있지만 맛의 핵심인 우렁이 쌈장은 오직, 아버지 백종수 씨에게 달려 있기 때문이다.

수리뫼

메뉴 점심특선 경주야채찜갈비 1만 5천 원~3만 원 │ 수경당 찬 3만 5천 원

주소 경북 경주시 내남면 포석로 110-32

전화 054-748-2507

영업시간 11:30~21:00 / 월요일 휴무

미식의 시대라지만 옳은 미각을 가진 사람이 드물다. 식재료의 중요성을 애기하지만 재료 자체가 가진 순한 맛을 감별해낼 수 있는 사람도 드물다. '열심(熱心)'이라는 단어의 사전적 의미를 찾아본다. '어떤 일에 온 정성을 다하여 골똘하게 힘씀. 또는 그런 마음'이라고 나와 있다. 맛의 세계도 그럴 것이다. 솜씨와 정성은 마음먹는다고 해서 쉽게 얻을 수 있는 덕목이 아니다. 갈고 닦고 쌓을 수 있는 세월이 필요하다. 유명한 한정식집이나 고급 한식당에서 입에 붙는 겉절이 한 접시 맛보지 못하고 국적불명의 어설픈 샐러드만 뒤적이다 나오는 날이면 약이 오른다. 쓰레기통으로 직행할 음식을 굳이 내는 이유가 뭔지 따지고 싶어진다.

　"조리학교를 졸업한 젊은이들이 한식 조리를 제대로 할 줄 몰라요. 제대로 가르치는 사람 자체가 없으니까요. 요리는 1~2년 배워서 되는 게 아닙니다. 최소한 10년은 꾸준히 해야 제대로 된 맛을 낼 수 있어요. 식당에서 내는 찌개는 만들 수 있지만, 집에서 일상적으로 먹는 어머니의 찌개 맛은 내지 못하는 조리사가 수두룩합니다. 요리에는 자신 있지

만 나물, 조림, 장아찌에 겁을 낸다면 제대로 된 한식 조리사라고 할 수 없지요." 수리뫼 주인 박미숙 씨가 젊은 조리사들과 부대끼며 엄한 스승 역할을 하는 이유다.

외지인들에게 경주의 대표 맛집으로 통하는 수리뫼의 음식은, 정작 경주 토박이들에게는 그다지 인기가 없다. '네 맛도, 내 맛도 아니다'는 것이다. "우리 집에서 육수를 내고 남은 국물 통을 들여다보면 건더기 양이 3분의 1이 넘어요. 이렇게 만들면 싱겁게 하는 것 같아도 간을 약하게 할수록 맛은 진해집니다. 여기서 간을 더 세게 하면 오히려 맛이 이상해져요. 다른 식당에서 음식을 먹은 사람들이 계속 물을 켜는 것도 그런 이유에서죠. 재료를 아끼면 본연의 감칠맛이 약해질 수밖에 없는데 그 빈자리를 소금과 화학조미료로 메꾸는 거예요."

제철 재료라야 맛있고 이롭다

무형문화제 제 38호 궁중음식 전수자이기도 한 박미숙 씨는 좋은 재료를 사용하기 위한 방편으로 농약이나 화학비료를 사용하지 않고 직접 농사를 짓는다. 50여 가지 작물을 순차적으로 심어 거두는데 그때그때 음식에 활용하고 남은 것들은 갈무리해서 보관해두고 일 년 내내 알뜰하게 사용한다. 재료별로 손질해서 보관하는 방법을 열거하자면 끝도 없이 이어지는데 갈무리하는 과정 안에서 이미 어떤 용도로 사용할 지에 대한 궁리가 거의 끝난다고.

"여름 내내 애호박을 따서 쓰는데 워낙 많이 달리니 매일 몇 개씩은 남아요. 이걸 썰어서 말려둡니다. 볕이 좋으니 이삼 일이면 다 마르죠. 날이 궂을 때는 건조기를 쓰기도 하지만 전기세가 워낙 비싸니 되도록 볕에 말립니다. 끝물 가지도 하루에 한 소쿠리씩 따는데 잘 말려서 저온 저장고에 보관하고 떨어질 때까지 반찬거리로 씁니다. 이른 봄부터 베

어 먹는 부추는 5월에 마지막으로 수확해서 장아찌를 담그죠. 6월에는 돼지감자 장아찌를 담그고요. 가을에는 통통한 끝물고추를 거둬서 장아찌를 담그면 이듬해 여름에는 제 맛이 나요.”

박미숙 씨는 맛이 강한 전통 방식의 장아찌 대신 깔끔하고 개운하게 먹을 수 있는 장아찌를 만든다. 북어대가리에 고추, 생강, 마늘, 대파, 양파, 무 등을 더해 끓인 육수에 다시마를 담가 우린 걸로 기본 국물을 잡는 것이다. 여기에 진간장과 청주, 식초, 설탕, 물엿을 섞어서 팔팔 끓인 다음 장아찌 재료에 부어 맛을 들인다. 한 달 보름 정도 삭히면 짜지 않고 아삭아삭한 식감이 살아 있는 장아찌를 만들 수 있다. 된장 장아찌도 북어대가리 육수에 된장, 물엿, 청주를 섞어 묽은 장물을 만든 다음 콩잎이나 깻잎에 부어 만든다. 새들새들하게 말린 재료를 된장독에 박아 만드는 전통 방식의 장아찌는 너무 짜고 된장독 하나를 모두 쓰게 되니 굳이 고집할 필요가 없기 때문이다. 무나 오이지 말린 것을 넣어 담그는 고추장 장아찌도 고추장에 청주와 물엿을 넣고 훌훌하게 섞어 부어 저염

장아찌를 손쉽게 만들 수 있다. 2011년에 박미숙 씨를 만나 그가 담그는 갖가지 장아찌를 취재한 적이 있다. 그때 종종 썬 끝물고추 장아찌를 가리키며 그의 제자들이 이유 없이 나른하고 맥이 풀려 밥 먹는 일조차 엄두가 안 나고 번거로울 때 밥 한 그릇 뚝딱 비울 수 있다고 얘기하던 기억이 새롭다.

자유자재로 식재료를 다루는 즐거움

장아찌도 좋지만 끝물 고추의 귀한 용도는 따로 있다. 빨갛게 익은 것을 따면 한꺼번에 갈아서 냉동해두는데 양파, 무도 제철 것을 갈아서 각각 냉동 보관해두고 이듬해 김치를 담글 때 고춧가루와 섞어 쓴다. 이렇게 하면 색도 예쁘지만 무엇보다도 원가가 절감되어 각양각색 김치를 어렵지 않게 상에 낼 수 있어 좋다고. 하지 이후로 감자가 많이 나기 시작하면 손님상에는 감자국수와 감자채조림을 심심치 않게 낸다. 감자도 마지막까지 남은 걸 갈아서 냉동해두면 부침개 재료로 요긴하다고. 고구마 역시 제철에 맛있게 쪄먹다가 작고 못난 것들은 조림용으로 쓴다. 노지에서 직접 키우는 표고는 따는 즉시 볶아서 반찬으로 내고 남는 것은 볕 좋을 때 말려서 보관한다. 도라지는 한꺼번에 캐서 굵은 것은 반찬하고 자잘한 것은 다시 심어 이듬해에 캐서 먹는다.

수리뫼가 있는 경주시 내남면은 원래 고사리가 유명하다고 한다. 박달리 마을은 이름도 아예 '고사리'로 불리는데 늦봄이면 산중턱에 굵은 고사리가 지천이라고. 오이는 세 번까지 심으면 초가을까지 따서 쓸 수 있다. 직원들이 아침에 출근해서 가장 먼저 하는 일은 밭으로 나가 배추벌레를 잡는 것. 일일이 젓가락으로 잡아낸다. "이 작물들을 시장에 가져가면 아마 한 개도 팔지 못할 거예요. 땅이 비옥하지 못해 잎사귀는 크고 열매는 작은데 음식을 해보면 쉽게 뭉그러지지 않아요. 주먹만 한 양배추로 여름 내내 양배추 김치를 담그고 모양이 안 나는 파프리카도 귀하게 쓴니다. 봄에 농협에서 나눠주는 비료와 퇴비나 좀 쓰고 농약 값도 들어가지 않아요. 풀이 나는 데는 부직포를 깔아주고 호미질도 안하니 소출은 적지만 그런대로 거두죠." 참깨, 들깨도 모두 직접 농사지어 쓰고 멸치액젓도 직접 담가 4년 이상 숙성시킨 것을 쓴다. 마늘농사도 직접 지으니 한꺼번에 거두면 전부 쩧어서 커다란 통에 담아 냉동해두고 원 없이 쓴다. 그래도 남는 것은 견과류와 함께 조려서 반찬으로 낸다. 시장에서 사오는 것은 콩나물과 숙주 정도. "무는 바람 들면 맛이 떨어지니 정월 대보름 전에 다 써야 해요. 이웃에서 수확해 묻어놓은 것들을 모두 우리 집으로 가져오면 그걸 조려서 냉동시켜두고 여름 내내 흥청망청 쓰지요."

하루의 시작은 배추밭 벌레잡기

수리뫼의 직원들은 박미숙 씨를 식당 주인이 아닌 스승으로 여긴다. 그역시 직원이 아닌 제자로 여기는 것은 물론이다. 오랜 기간 그의 밑에서 수련을 받은 직원이 독립해서 자신의 식당을 차리는 순간이 오면, 그는 만사 제쳐두고 제자의 식당이 자리를 잡을 때까지 열흘이고 보름이고 뒤를 봐주는 것으로 유명하다. 열두 달 농사를 짓고, 작물을 갈무리해 일년 밥상을 준비하는 과정을 몇 해나 함께 한 제자의 일을 허투루 넘길 수가 없기 때문이다.

　수리뫼의 메뉴 구성은 단순하다. 나물국 비빔밥을 중심으로 한 점심특선이라는 메뉴를 기본으로 하는데 채소갈비찜, 묵은지고등어조림, 맥적 등 곁들여지는 일품요리의 개수에 따라 가격대가 조금씩 달라진다. 궁중음식 전수자니 고급 음식만 내놓을 거라는 편견을 없애기 위해 만들었다는 나물국 비빔밥을 맛본다. 콩나물, 취나물, 깻잎, 고춧잎, 참나물, 뽕잎나물, 도라지, 고사리, 가지 오가리 등 열두 가지 나물을 각기 볶아서 돌려

담고 탕국을 자작하게 부어 내는데 이 나물국을 듬뿍 넣어 밥을 비벼 먹는 것이다. 곁들이는 비빔장도 다른 곳에서는 찾아볼 수 없을 만큼 독특하다. 된장에 콩과 보리, 무를 삶아서 으깨 섞은 콩장이 그것인데 담담한 맛이라고 표현할 만하다. 고추장에 푹 삶은 수수와 무를 으깨 넣어 만든 수수장을 넣어 비벼도 삼삼하게 넘어간다. 우리 음식은 재료마다 모두 밑간을 한다. 그 밑간이 합해지면 비로소 완전하게 간이 맞아 들어가는 것이다. 잡채만 하더라도 각각의 재료를 볶을 때 소금이나 간장을 조금 넣어 삼삼하게 간을 맞추고 마지막 무칠 때 최종 간을 보게 마련이다. 만드는 사람이 밑간을 해서 음식을 내면 먹는 사람은 자신의 기호에 따라 그대로 먹기도 하고, 곁들여 내오는 장을 조금 넣어 음식의 맛을 완성한다. 전통적인 3첩 반상에 간장종지를 올리는 것도 그런 이유에서이다.

박미숙 씨가 직접 담근 액젓, 간장, 된장, 콩장, 장아찌 등은 모두 소량 포장상품을 구입할 수 있다. 세련된 포장으로 멋을 내지는 않았지만 친정집에서 직접 농사지어 구미구미 싸주는 보따리만큼이나 미덥다.

43년 전통의 찰보리밥정식과 대구찜

숙영식당

메뉴 찰보리밥정식 9천 원 | 나홀로정식 1만 원 | 파전 1만 원 | 대구포찜 2만 5천 원 | 논고동과 더덕무침 2만 원
주소 경북 경주시 계림로 60
전화 054-772-3369
영업시간 ; 11:00~21:00 / 둘째 주, 넷째 주 화요일 휴무

대릉원 근방은 천마총, 황남대총 등 고분 23여기가 모여 있는데다 첨성대, 동궁과 월지 등이 몰려 있어 여행객이라면 하루 종일, 최소한 반나절은 머물게 되는 곳이다. 새벽도 좋고 밤은 밤대로 좋다. 차 없이 걸어 다니기에 좋아서일까? 젊은이들은 대릉원 근처를 걷거나 자전거를 타고 오가며 시간을 보낸다. 서울 경복궁이나 삼청동 근처가 그렇듯, 대릉원 근방도 한복을 빌려 입고 거니는 모습을 꽤 많이 볼 수 있다. 한밤, 대릉원을 찾는다면 고분과 고분 사이로 조명을 밝힌 길을 걸어보길 권한다. 느긋한 산책로로 제격이다. 예전에 안압지로 불렸던 동궁과 월지는 낮과 밤의 모습이 극명하게 갈린다. 낮에는 한가로이 걷기 좋은 공원이지만 밤에는 화사하게 피어난다.

흙벽으로 마감한 시골집 분위기의 숙영식당은 대릉원 근처에서 부담 없이 찾기 좋은 밥집으로 유명하다. 대표메뉴는 두 명 이상 주문해야 먹을 수 있는 찰보리밥정식. 혼자 찾아오는 손님을 위해서는 같은 상차림을 일인 분량으로 나눠 '나홀로정식'이라는 이름으로 내놓는다. 고구

마조림과 고추무침, 어묵볶음, 무말랭이무침 같은 일상적인 반찬에 나물 몇 가지가 곁들여지고 조기구이와 달걀말이를 상 가운데에 놓는다. 찰보리밥은 고봉이요, 보글보글 끓는 된장찌개도 넉넉하니 시골집 찾은 것처럼 맘이 좋다. 별다를 것 없는 반찬이지만 고추 하나까지도 일일이 검수해서 고를 정도로 주인 할머니 이상순 씨의 보이지 않는 정성이 대단하다. 고추찜에 들어가는 고추는 독 오른 것은 없는지 일일이 살펴가며 고르고, 깍두기를 담글 때도 다 먹을 때까지 무르지 않고 아삭아삭한 맛을 살리기 위해 꼭 알타리 무를 고집하는 식이다.

동동주 한 잔에 곁들이는 칼칼한 대구찜

반찬이 넉넉하니 동동주 반 되를 주문해본다. 직접 담가 내놓는 술이다. 쓸데없이 달지 않고 탄산이 강하지 않아 좋다. 그저 부드럽게 입에 감길

정도. 할머니는 술밥을 식히지 않고 따끈할 때 항아리에 넣는데 누룩을 편편하게 깔아 넣은 다음 밥을 위에 올리면 발효가 잘 되어 맛이 깔끔하다고. 이렇게 만든 밑술에 엿기름을 띠워 만든 단술을 함께 넣어 익힌다. 이렇게 하면 군내나 누룩 특유의 쿰쿰한 맛이 배지 않고 깔끔하기 때문이다.

"여름에는 좀 달고 봄에 담그는 게 젤 맛있어. 그때는 맛없게 해도 입에 달아. 음식도 마찬가지지. 사철 나는 재료라고 해서 항상 맛이 같지 않거든. 쪽파도 이른 봄날 쪽파가 맛있고 가을에 제일 맛이 없어요. 한여름 쪽파도 별 맛이 없고. 나는 동동주에 엿기름을 좀 넣는데 직접 디뎌서 띄우는 누룩도 계절 따라 들어가는 양이 다 달라지지. 누룩 두 개에 찹쌀 닷 되 정도면 적당하고. 원래 위로 뜨는 맑은 술은 제사에 쓰고 밑에 가라앉은 맛있는 술은 모두 머슴이 먹는 법이야. 임금님들이 단명했던 이유가 뭔지 알아? 산해진미로 만들기는 하는데 꼭 맛없는 것만 올렸거든. 윗술 드시고 기미상궁이 먹고 난 음식 드시고"

　　찰보리밥정식의 인기에 가려져 있지만 숙영식당 별미는 따로 있다. 바로 대구포찜. 고구마와 무를 큼직큼직하게 썰어 냄비 바닥에 깔고 물에 불린 건대구를 올린 다음 칼칼하게 조려낸다. 무맛이 시원치 않은 여름에는 감자로 대신하기도 한다.

　　"대구포찜은 우리 영감님 살아계실 때 해드렸던 음식이지. 어느 요리집에서 맛본 대구찜 맛이 좋았던가 봐. 나를 데려가더라고. 먹어보고 배우라는 거였지. 요리집에서는 대구를 그대로 쪄서 상에 올렸는데 유장에 찍어 먹게 하더라고. 그때만 해도 건어물점에 가면 바짝 말린 대구포가 흔했거든. 그걸 찢어서 그대로 먹거나 쌀뜨물에 쪄먹었지. 지금은 다 러시아산이지만. 영감님은 밖에서 맛있는 음식을 만나면 잘 기억해두었다가 나를 데려가곤 했어. 시어머니가 좋아하시던 파전도 그렇게 해서 배운 음식이야."

이제는 맛볼 수 없는 그 옛날 대구포

유장은 간장에 참기름을 섞은 것을 말한다. 예전부터 마른 대구는 쭉쭉 찢어서 유장이나 고추장에 찍어 여름날 밥반찬을 삼거나 술안주로 많이 먹었다. 특히 경상남도 지방에서는 약대구라고 해서 입이나 아가미를 통해 내장을 꺼내고 간장, 소금을 넣고 짚으로 채운 다음 통풍이 잘 되는 곳에 매달아 말리는 풍습이 있었다. 한두 달 잘 마른 약대구는 적당한 크기로 썰거나 찢어서 먹었는데 비린 맛이 없고 씹을수록 단맛이 우러나 고급 술안주 역할을 톡톡히 했다. 서울에서는 반으로 갈라 비늘을 긁은 다음 내장을 없애고 소금 뿌려 말린 대구를 적당한 크기로 썰어서 기름을 두른 번철에 지져 초장이나 고추장을 찍어 반찬으로 먹는 조리법도 꽤 일반적이었다. 1940년대에서 1950년대까지 출간된 몇몇 조리서에는 잘 마른 대구포를 번철에 지져 먹는 조리법이 자주 등장한다.

나 역시 어린 시절 먹었던 음식 중에 유독 그리운 것으로 대구포를 꼽고 싶다. 아이 손바닥 크기로 나붓하게 저며 말린 대구포는 하얀 분이 살짝 얹혀 있었는데 그걸 살짝 구워 찢은 다음 물에 만 밥에 고추장 찍어 먹던 맛을 잊지 못하겠다. 노가리는 석쇠에 얹어 연탄불에 굽고, 멸치는 잘 마른 것을 그대로 고추장에 찍어 밥반찬을 삼았지만 그래도 역시 대구포에 비할 바가 아니었기 때문이다. 대구포를 사기 위해 어머니와 중부시장에 곧잘 들르곤 했던 기억이 있지만 1980년대를 지나는 동안 그 옛날 대구포는 자취를 감춰버리고 말았다. 이후 동네 구멍가게에 쥐포가 등장하기 시작했지만 밥반찬이 아닌 그야말로 주전부리밖에 될 수 없었다. 화학조미료를 듬뿍 푼물에 담갔다가 말린 것인지 들쩍지근한 맛이 영 비위에 맞지 않았기 때문이다. 원재료 역시 '쥐치'라는 이름 대신 '쥐고기'로 불렸기에 더욱 꺼림직했던 것도 있다. 중부시장은 오장동 함흥냉면 골목에서 오른쪽으로 고개를 돌리면 바로 보인다. 요즘도 혹시나 하는 맘에 냉면집 찾는 발걸음에 들러보지만 역시나, 그 옛날 대구포는 눈을 씻고 찾아도 없다. 어쩜 그리 자취도 없이 사라질 수가 있는지 신기할 따름이다.

옛날 음식이 그리운 이들에게

이상순 할머니가 내는 대구포찜은 반으로 갈라 내장을 빼내고 소금을 쳐서 말린 것을 재료로 쓰는데 포항 죽도시장의 단골 건어물 가게에서 구해온다. 70~80년대까지만 해도 잘 마른 염장대구를 사흘 이상 쌀뜨물에 담가 짠 기를 빼야 비로소 음식을 할 수 있었다는데 지금은 코다리처럼 얼간해서 하루 이틀 말려 냉동한 것이라 짠 기를 빼고 말고 할 것도 없다. 멸치 육수를 자작하게 붓고 파와 양파 등을 듬뿍 얹어 조리는데 식용유를 반 숟갈 정도 넣으면 노골노골해져서 부드럽게 입에 감긴다. 처

음에는 무만 넣고 조리다가 20년 전부터 고구마를 더해 조리기 시작했다고 한다. 아무려나 국물이 자작하게 조려진 대구찜은 할머니표 동동주에 곁들여도 좋고, 찰보리밥에 비벼 먹어도 그만이다.

동동주와 찰떡궁합을 자랑하는 안주 한 가지 더 소개한다. '논고동과 더덕무침'이다. 옛날 어릴 적에 논에서 한 움큼 잡아다가 무쳐 먹던 기억을 살려 만든 음식이라고 한다. 중국산은 흙내가 나서 꼭 국산만 고집하는 할머니는 더덕을 두드려 찢고 오이와 미나리, 고추, 명태채 등을 더해 매콤새콤하게 무쳐 낸다. 할머니 밥상을 받으면 혹시 김무침이 있는 지 살펴볼 일이다. 파를 넣으면 김에 붙어 버리므로 초록색 피망을 잘게 다져 쓴다는 할머니의 보이지 않는 정성을 한 번쯤 확인해보는 것도 좋을 것이다. 고추보다 피망이 낫고 붉은색 파프리카는 물이 들어 지저분하다는 할머니이다.

4대를 이어온 노포의 비빔밥과 한우 물회

함양집

메뉴 전통비빔밥 1만 원 [|] 한우물회 1만 3천 원 [|] 묵채 5천 원 [|] 석쇠불고기 2만 5천 원
치즈불고기 1만 7천 원 [|] 육회 2만 5천 원
주소 경북 경주시 북군동 194-15번저(경주보문점) / 경주시 하동 301-2번지(경주 보불로점)
전화 054-777-6947(경주 보문점) / 054-746- 9990(경주 보불로점)
영업시간 10:00~21:00 / 화요일 휴무

1924년 개업한 함양집은 창업자인 1대 故 강순남 할머니로부터 시작해 딸, 며느리, 다시 딸로 이어져 내려오며 4대째 가업을 이어가고 있는 노포이다. 고향인 함양을 떠나 울산 우체국 앞에 자리를 잡은 할머니는 처음에 '함양관'이라는 옥호로 요정을 열었다고 한다. 그 후 시대 흐름을 따라 이름을 '함양집'으로 바꾸고 주력 메뉴도 비빔밥으로 정했다.

지금까지 남아 있는 식당 중에 가장 오래 된 식당은 1904년에 개업한 '이문 설농탕'이고 두 번째로 오래된 식당은 2010년에 나주에 문을 연 곰탕집인 '하얀집'으로 알려져 있다. 부산에서는 1919년에 '내호냉면'과 '박달집'이라는 개장국집이 문을 열었고 같은 해에 안성에서는 '안일옥'이라는 우탕집이 문을 열었다. 오래 된 노포들은 거의 서민적인 음식을 낸다. 설렁탕, 곰탕, 냉면, 국밥 등 누구나 부담 없는 가격에 먹을 수 있는 음식들이다.

비슷한 시기에 한창 꽃을 피우던 요정 문화는 오래지 않아 사라졌다. 1906년에 지금의 서린동에 개업한 최초의 요릿집인 혜전관, 1909년 개

업한 명월관, 1920년 개업한 국일관, 1921년 개업한 식도원 등의 요릿집과 유흥음식점이다. 수백 평에 이르는 규모, 병풍의 배치조차도 까다롭게 따지는 꾸밈, 거문고를 뜯고 장고를 치는 수십 명의 기생들. 어느 것 하나 평범하지 못했던 요릿집들은 대부분 10여 년을 못 넘기고 사라졌다. 그 유명한 명월관 조차도 30년을 견뎠을 뿐이다. 서울의 내로라하는 요릿집들만 그랬을 리는 없다. 지방 소도시에도 나름의 요릿집들은 있었을 것이다. 물산이 모이고, 돈이 도는 곳에 유흥이 빠질 수는 없었을 테니 말이다. 그 와중에 살아남은 집이 바로 함양집이다. 요릿집으로 시작했으나 서민들이 편하게 먹을 수 있는 비빔밥집으로의 변화를 도모해 어느 덧 100년을 바라보는 대표적인 노포로 자리 잡았다.

지금도 함양집의 대표 메뉴는 역시 비빔밥이다. 그 중에서도 진주식 비빔밥에 가깝다. 함양집이 처음 문을 열 당시와 비슷한 시기에 발간된 『별건곤(別乾坤)』 24호에를 보면 진주비빔밥의 특징이 자세하게 나와 있다. 전국의 유명한 음식을 다룬 특집 기사인 '八道名食物禮讚(팔도

명식물예찬)'에 '飛鳳山人(비봉산인)'이라는 필명을 쓰는 사람이 10전에 사먹을 수 있는 진주비빔밥을 자세히 설명해놓았다.

고슬고슬하게 지은 흰 밥을 쓰는 진주비빔밥

함양집의 비빔밥이 진주식이라 얘기할 수 있는 근거는 우선 넉넉하게 올리는 육회를 들 수 있다. 여기에 조청과 엿기름을 넣어 직접 담근 찹쌀 고추장을 올린다. 전주식 비빔밥에도 물론 육회를 올린다. 그러나 진주비빔밥은 육회의 양이 전주의 그것에 비해 월등히 많다. 전주식 비빔밥은 사골 국물로 밥을 하고 진주식은 맹물로 고슬고슬하게 밥을 짓는다. 콩나물, 숙주나물, 시금치나물, 도라지나물 등을 각각 바락바락 무쳐 올리는 것은 그다지 새로울 것은 없다. 그러나 맹물로 지은 쌀밥을 쓴다는 점에서 함양집 비빔밥은 진주식 비빔밥의 특징을 가장 나타낸다고 볼 수 있는 것이다. 물론, 창업자인 강순남의 고향인 함양이 진주에서 가깝다는 것도 한몫을 한다. 함양집 비빔밥을 처음 대하면 우선, 달걀지단을 넉넉하게 썰어 올린 것이 눈에 띈다. 사실, 이런 지단은 어느 지방의 특징이라고 말하기가 애매하다. 전주비빔밥엔 달걀노른자를 그대로 올리지만 진주식은 달걀을 따로 올리지 않기 때문이다. 함양집의 달걀지단은 오히려 진주냉면 위에 올리는 풍부한 달걀지단채를 연상시킨다. 다만 진주냉면에 비해 먹기 버거울 정도로 뻣뻣하고 너무 길게 썰어 올려 그다지 인상적이지는 않다. 특이한 점은 전복회를 한 점 올린다는 것.

맛나고 값이 헐한 진주비빔밥은 서울 비빔밥과 같이 큰 고기점을 그냥 놓는 것과 콩나물발이 세치나 되는 것을 넝쿨지게 놓는 것과는 도저히 비길 수 없습니다. 하얀 쌀밥 위에 색을 조화시켜서 날듯한 새파란 야채 옆에는 고사리나물, 또 옆에는 노르스름한 숙주나물 이러한 방법으로 가

지각색 나물을 둘러놓은 다음에 고기를 잘게 익혀 끓인 장국을 부어 비비기에 적당할 만큼 그 위에는 유리조각 같은 황청포 서너 사슬을 놓은 다음 옆에 육회를 곱게 썰어 놓고 입맛이 깨끗한 고추장을 조금 얹습니다 여기에 나타나는 향취는 사람의 코를 찌를 뿐 아니라 보기에 먹음직합니다. 값도 단돈 10전. 상하계급을 물론하고 쉽게 배고픔을 면할 수 있는 것입니다. 이렇게 소담하고 비위에 맞는 비빔밥으로 길러진 진주의 젊은이들은 미술의 재질이 많은 것입니다.   (『별건곤』 24호, 1929년 12월 1일)

함양집은 울산 본점과는 별도로 경주에 두 곳의 지점을 운영하고 있다. 물론, 직영점이다. 경주 함양집의 주인 강태원 씨는 비빔밥을 만드는 일이 쉽지만은 않다고 한다. 손이 너무 간다는 것이다. "일이 너무 많아요. 비빔밥을 메뉴에서 없앤다고 가정하고 일의 강도를 계산해보았더니 3분의 1로 줄더군요. 그래도 비빔밥을 포기할 수는 없죠. 대표 메뉴니까요."

얌전하게 모양을 살리기 위해 콩나물의 꼬리를 일일이 다듬어 쓰는

등 정성을 쏟기 때문이라고 한다. 대신 최근 함양집을 알리는 역할을 하는 메뉴가 하나 보태졌다. 2014년부터 내놓기 시작한 한우 물회가 대단한 인기를 모으고 있기 때문이다.

개운한 한우 물회

"고향은 아니지만 세 살부터 고등학교 시절까지 포항에서 살았습니다. 포항 친구들 중에 횟집을 하는 친구들이 많아요. 포항이 원래 물회로 유명한데 일본 후쿠시마 원전 사고가 나고 나니 생선에 대한 불신이 생겨 매출에 타격이 생겼다는 겁니다. 불현 듯 생선 대신 기름기 없는 소고기 육회를 쓰면 어떨까 싶어 소스를 얻어 와 한우 물회를 만들어봤습니다. 생선 물회에 비해 맛의 강도를 좀 순하게 해봤더니 의외로 괜찮았습니다. 시험 삼아 서비스 메뉴로 내보았더니 반응이 폭발적이더라고요. 바로 정규 메뉴에 포함시켰죠."

울산은 아직까지 비빔밥의 매출이 월등하게 많지만 경주는 비빔밥과 한우 물회의 매출이 거의 비슷하다. 함양집이 또 다른 변화의 계기를 마련하고 있는 것이다. 치즈를 듬뿍 얹어 구워낸 치즈불고기와 묵채도 빠뜨릴 수 없는 별미. 묵채는 메밀묵을 곱게 썰어 그릇에 담고 오이채, 소고기 편육채, 달걀지단채, 양념장을 얹은 후 따뜻한 멸치육수를 부어낸다. 오전 11시 30분에 문을 열기 시작하자마자 대기표를 받는 사람들이 줄을 서는 와중에도 강태원 씨는 신메뉴 개발에 대한 욕심을 버리지 않는다. 우연한 기회에 시도한 한우 물회의 인기가 전국으로 퍼져나가 이제는 하나의 장르가 되었듯, 함양집의 또 다른 대표작을 만들고 싶기 때문이란다. 창업 100년을 앞둔 함양집은 아직도 진화 중이다. 재미있는 식당이다.

담백한 두부와 고운 파전

삼미정

메뉴 두부전골 8천 원 ˌ 모두부 8천 원 ˌ 파전 1만 3천 원 ˌ 수육 2만 원
주소 경북 경주시 포석정길 4
전화 054-745-8761
영업시간 09:00~21:00 / 연중 무휴

먹기는 쉽고, 만들기는 까다롭다. 젓국에 넣으면 연하고 장국에 넣으면 고소하다. 두부는 어른의 음식이다. 몽글몽글 희게 엉긴 순두부 한 수저와 도톰한 모두부 한 조각 달게 넘길 수 있으려면 어느 정도 삶의 공력을 길러야 한다. 의지로 기를 수 있는 것이 아니다. 겪다 보면 생기는 것이 그것이다.

콩을 물에 흠씬 불려서 맷돌에 간다. 콩 간 것을 면포에 걸러 비지를 내고 나면 고운 콩물이 남는다. 이 물을 펄펄 끓이다가 간수를 치면 몽글몽글 순두부가 엉긴다. 한바가지 떠서 따로 순두부로 먹고 나머지는 사각 틀에 부어 무거운 걸 얹어두면 단단하게 굳은 모두부를 얻을 수 있다. 단 네 문장으로 정리한 두부 만들기. 취미삼아 이따금 서너 모 얻을 정도로 한다면 재미있는 소일거리가 될 터이다. 그러나 이 지난한 과정을 매일 반복한다는 것은 고역을 넘어 고통이다. 그걸 알기에 좋은 두부집을 찾은 어른들은 떠들썩하게 먹지 않는다. 내 돈 내고 먹으며 '고맙게 잘 먹었다' 인사하기를 잊지 않는다. 두부는 그런 음식이다.

두부집의 하루 시작은 다른 어떤 식당보다도 빠르게 마련이다. 삼미
정도 마찬가지. 그야말로 '비가 오나 눈이 오나'이다. 주말에도 주인 태
순옥 씨는 여섯 시부터 두부 만들기를 시작한다. 한여름에는 두부가 쉴
것을 걱정해 조금 늦게 시작하지만 그런들 한두 시간 남짓 차이가 날 뿐
이다.

"콩 불리는 시간은 여름에는 다섯 시간, 가을에는 여섯 시간, 겨울에
는 열두 시간 걸립니다. 날씨에 따라 조금씩 달라지지만 큰 차이는 없어
요. 그래도 요즘은 자동화된 맷돌을 사용하지만 예전에는 일일이 손으
로 갈아냈으니 그 수고가 훨씬 더했겠죠. 콩물을 젓는 것도 매일 똑같은
자세, 똑같은 방법으로 젓는 것 같지만 그게 콩물 상태 따라 달라요. 세
게 저으면 나중에 두부가 깨져요. 잘 저어야 두부가 잘 나오죠. 요즘 사
람들은 단단한 두부를 별로 좋아하지 않으니 요즘 식성을 고려해서 조
금 부드럽게 나오도록 젓는 방법도 달리 씁니다."

간수를 치기 직전, 굳이 콩국 한 그릇을 얻어 후루룩 들이마신다. 끝

맛이 쌉싸래하게 감긴다. 살짝 식혀 마시면 더 입에 붙을 터였다. 소금을 굳이 타지 않아도 좋다. 고소한 콩 본연의 맛에 간수의 미묘한 간기가 더해졌으니. 설렁탕에 굳이 소금을 타지 않는 고집에 딱 맞춤한 맛이다.

손이 바쁘면 입이 즐겁다

"콩은 문경에서 계약재배해서 가져다 씁니다. 콩이 크면 두부가 쉽게 나와요. 콩알이 작으면 두부를 내는 데 힘이 들지만 맛은 더 낫지요. 콩의 크기에 따라 수율이 달라지기도 하지만 엉기는 정도도 다르기 때문에 간수의 농도를 조절해야 합니다. 두부 한 판 만드는 데 고려해야 할 요소가 생각보다 많네요."

매뉴얼을 지켜 만들 수 있다면 좋겠지만 주인의 감과 손끝 감각이 절대적인 게 두부 만드는 일이다. 두부만 그럴까. 작은 손수건에 쪽물 들이는 것도 그럴 테고, 찰찰한 묵 한 양푼 쒀서 굳히는 것도 마찬가지인 것을. 하고 많은 두부집 다 두고 굳이 단골들이 이 집을 고집하는 이유일 것이다.

삼미정의 대표 메뉴는 두부전골과 모두부. 두부전골은 순두부와 모두부를 같이 쓰는데 다시마, 뒤포리, 채소를 듬뿍 넣어 뽑은 황태육수에 끓여낸다. 모두부는 푸석푸석하지 않고 주걱에 한 모 얹어 들어보면 힘겨루기 하듯 탄력이 느껴진다. 양념간장이고 뭐고 잘 익은 김치 얹어 먹는 맛이 그만. 삼미정의 김치 담그는 양은 말만 들어도 어마어마한데 12월에 우선 천 포기를 담그고 3월에 삼백 포기, 5월말에 다시 삼백 포기, 가을에 오백 포기를 마저 담근다. 한 해에 적어도 이천 포기를 넘겨 담그는 것이다. 이 많은 김치를 곁들여 먹을 두부의 양은 얼마나 되려나. 묵은내 나지 않고 깔끔한 김치 맛의 비결은 직접 담가 쓰는 꽁치젓갈이다. 포항이나 울산 쪽에서만 꽁치젓갈을 담가 쓰는 줄 알았더니 감포를 끼고 있어서인지 의외로 경주 사람들, 꽁치젓갈 많이 사용한다는 것을 이번에 알았다.

경상도 속담에 '여름 소나기는 소등을 갈라서 온다'는 말이 있단다. 소나기란 것이 구름 따라 몰려다니는 것이니 내 머리 위에 폭우가 쏟아지더라도 눈 들어 저쪽 보면 말짱 맑을 수 있는 것이다. 삼미정 찾던 날이 그랬다. 감포 숙소에서 떠날 때는 세상 떠내려갈 듯 폭우가 쏟아졌는데 식당에 도착할 무렵이 되니 언제 그랬냐는 듯 하늘이 아주 지글지글했다. 파전을 주문하며 '비오는 날 파전' 운운했더니 삼미정의 비오는 날은 대각 다시마 자르는 날이란다. 다시마란 것이 바짝 말라 있기에 가위로 자르다 보면 부서지기 일쑤인데 눅눅한 날을 골라 작정하고 자르면 네모반듯하게 원하는 대로 모양을 낼 수 있기 때문이다. 이렇게 자른 다시마는 간장과 쌀 조청을 넣고 뭉근하게 조려 기본 반찬을 삼는다. 거피 들깨를 마무리 재료로 써서 고소하게 씹히는 뒷맛을 살린다. 유독 부드럽고 맛이 있어 남산 '으악다리' 근처에서 딴 것만 고집한다는 콩잎장아찌, 봄에 넉넉하게 담가 둔 마늘종 장아찌 등도 인기 있는 기본 찬.

삼미정 파전은 곱다. 실파가 아닐까 싶게 가는 쪽파를 둥근 프라이팬에 가지런히 모양 살려 담고 가루가 묻어날 만큼 물을 거의 붓지 않고 갠 부침가루를 살짝 묻히다시피 훑어 발라 지져낸다. 불린 표고와 굴을 다져서 얹고 동그랗게 썬 홍고추 하나 더했다. 대각 다시마 못지않게 공을 들이는 것이 바로 이 표고 준비란다. 손님 없는 시간에 불린 표고를 다지는데 식당 전체에 '다다다다' 소리가 요란할 정도. 쫀득쫀득한 식감은 고기보다 더한데 표고 특유의 향이 대단하다. 쫀득한 껍질 맛 잘 살린 수육 한 접시에 직접 담근 동동주까지 곁들이면 금상첨화다.

외바우

메뉴 버섯(낙불삼) 철판볶음 1만 3천 원 │ 버섯(오불삼) 철판볶음 1만 2천 원 │ 버섯(한우)전골 1만 2천 원

버섯(한우낙지)전골 1만 3천 원

주소 경북 경주시 안강읍 구부랑3길 12번지

전화 054-763-7733

영업시간 : 평일 11:00~24:00 / 연중 무휴

양동마을 맛집으로 불리는 외바우가 50년을 이어올 수 있었던 비결은 간단하다. 좋은 한우를 싸고 푸짐하게 먹을 수 있는 메뉴를 개발해 내놓았기 때문이다. 1968년부터 안강 읍내에서 식당을 겸한 '일성(一成)' 식육점을 운영하던 창업자 송순주 씨 부부는 당시로는 드물게 고춧가루를 듬뿍 넣어 매운맛을 낸 '내합전골'과 '한우전골'을 팔았다.

"내합전골은 시어머님이 개발한 음식이랍니다. 소에서 나오는 내장은 종류별로 거의 다 넣었다고 해요. 시아버님이 발골 작업을 직접 하셔서 부산물들이 많이 나왔나 봐요. 그걸 알뜰하게 활용하신 거죠. 세월이 흐르고 직접 발골을 하지 않게 되면서 한우 내장을 골고루 구하기가 어려워지고 사람들 입맛도 바뀌는 바람에 내합전골은 메뉴에서 빠졌어요."

한국인이 소고기 부위를 유독 세세하게 구분해 먹는다고는 하지만 살코기를 분류하는 방법은 호주나 미국도 크게 다르지 않다. 그보다는 내장을 부위별로 나눠서 각기 다른 조리법을 적용했던 것이 훨씬 흥미롭다. 잘 알려져 있다시피 소의 내장으로는 양, 벌집양, 천엽, 막창으로

나뉘는 네 개의 위와 곱창, 대창, 간, 콩팥, 염통 등이 있고 지금도 구이나 탕, 전골 등에 쓰인다. 그러나 예전에는 훨씬 더 다양한 부위를 음식에 넣어 먹었다. 항문 근처에 있는 곤자소니는 기름이 없고 쫄깃쫄깃해서 얼큰한 육개장에 넣어 푹 고아 먹었고 소의 비장(脾臟)인 지라도 기름을 떼고 삶아 먹었다.

　내장 손질은 정말이지 힘이 드는 작업이다. 기운과 인내심, 오랜 경험에서 나오는 숙련된 솜씨를 동시에 필요로 한다. 염통구이 하나 해먹으려 해도 거죽에 두껍게 붙은 기름을 떼어낸 다음 푸른 막처럼 보이는 껍질을 세심하게 잘라내듯 벗겨내야 한다. 칼을 조금만 잘못 써도 뭉텅뭉텅 살점이 쓸려 나가 볼품이 없다. 중간에 뻗어 있는 힘줄을 조심스럽게 잘라내야 비로소 구이용으로 다듬을 수가 있다. 육개장만 하더라도 양과 곱창, 곤자소니 등을 넣는데 곱창은 소금 뿌려 죽죽 훑어서 씻더라도 안에 있는 곱이 흘러나오도록 해서는 안 된다. 그에 반해 곤자소니는 칼끝으로 쪼개서 소금으로 문질러 깔끔하게 씻어 쓴다. 유난히 부드러운 부위인 지라는 삶아서 썰어 전을 부칠 수는 있어도 날 것 그대로 전을 부치려면 프라이팬에서 녹아버린다. 이렇게 다양한 내장을 일일이 손질해서 돌려 담아 볶듯이 끓여냈을 내합전골의 맛을 지금은 볼 수 없다니. 옛 음식의 좋은 원형을 하나 잃은 것 같아 아까울 뿐이다.

전골은 원래 국물을 자작하게 부어 볶아 먹는 음식

'내합전골'은 원래 '소내합야채볶음전골'이라고 불렸다고 한다. 말 그대로 채소를 많이 넣고 볶듯이 끓인 음식이다. 국물이 많은 '전골'은 우리 전통 음식이지만 국물을 자작하게 붓고 볶듯이 끓인 음식은 요사이 생겨난 줄로 아는 사람들이 많다. 그러나 전통적으로 먹어왔던 전골은 오히려 볶음에 가까웠다. 두산백과에서 전골을 "쇠고기 · 돼지고기 · 내장 등을 잘게 썰어 양념하여 채소를 섞어서 냄비나 전골틀에 담고, 국물을 조금 부어 즉석에서 볶으며 먹는 음식"이라고 설명하고 있는 것도 그런 이유에서이다.

가마솥 이름으로 전립투(氈笠套)라고 하는 것은 그 모양이 전립과 비슷하다. 솥 가운데에 야채를 데치고 가장자리에 고기를 놓고 굽는다. 고기는 쇠고기를 쓰거나 혹은 꿩고기를 같이 쓰지만 그렇게 자주 같이 쓰지는 않는다. 술안주와 반찬으로도 아주 좋다. 『경도잡지(京都雜志)』

조선 후기 유득공이 한양의 세시풍속을 소개한 『경도잡지』에 언급한 '전립투'는 오늘날의 전골틀과 비슷한 조리 도구이다. 서유구는 옹희잡지(饔饎雜志)에서 "적육기(炙肉器)에 전립을 거꾸로 눕힌 것과 같은 모양이 있다. 도라지, 무, 미나리, 파무리를 세절해 복판 우묵한 곳에 넣어둔 장국에 담근다. 이것을 숯불 위에 놓고 철을 뜨겁게 달군다. 고기는 종잇장처럼 얇게 썰어 유장에 적시고 젓가락으로 집어 사면의 테두리에 지져 굽는다. 그리해 3~4인이 먹는다"고 전골을 소개하고 있다.

일성식당에서 내놓았다는 '소내합야채볶음전골'는 전통 방식의 전골에 매운맛을 가미한 음식이었던 것 같다. IMF 시기를 지나 두 아들이 가업을 잇고 식당 이름이 '일성'에서 '외바우'로 바뀌는 동안 내합전골 대신 낙지와 불고기, 삼겹살, 버섯 등을 넣은 매운 철판볶음이 대표 메뉴로 자리를 잡았다. 외바우에서는 소고기와 돼지고기를 대패삼겹살을 연상케 할 정도로 얇게 썰어서 쓴다. "아버님은 꽃등심을 썰어도 차돌박이처럼 얇게 썰었어요. 그래야 적은 양을 넣어도 푸짐하게 먹을 수 있었으니까요."

볶다 보니 버섯의 양이 엄청나다. 새송이와 표고, 팽이 버섯 등을 아낌없이 넣었다. 주인은 1인당 버섯 150g 정도는 먹고 나온다고 보면 된다며 웃는다. 재미있게도 매운맛을 3단계로 조절해서 주문할 수 있단다. 가장 매운맛 단계에는 청양고춧가루만 쓴다.

버섯과 한우가 듬뿍 들어간 전골은 당면과 버섯 외에도 콩나물을 듬뿍 넣어 씹는 맛을 살렸다. 근처에 좋은 콩나물 농장이 있어서 받아다 쓴다고 한다. 예전에는 일일이 콩나물 대가리를 따서 쓰는 통에 '도'를 닦는 심정으로 일했지만 지금은 농장에서 대가리를 한꺼번에 쳐서 보내준단다. 육수는 잡뼈 국물을 고아서 쓰고 고기는 여러 부위를 섞어 쓴다. 부위마다 맛이 조금씩 다른데 육수에 어우러지면 맛이 훨씬 풍부해지기 때문이다. 2년 전까지만 해도 아버지가 우시장에서 직접 소를 고르고 도축장까지 가져가서 도축을 해올 정도로 까다롭게 재료 관리를 했다고 한다. 지금은 거래처에서 공급받고 있지만 어린 시절 아버지를 따라 발골 작업을 직접 했던 주인 송순주 씨가 일일이 고기를 확인하고 쓴다. 다대기를 만들어두고 쓰면 국물이 탁하기 때문에 간장 소스로 간을 맞추고 상에 내오기 직전에 매운 정도에 따라 고춧가루를 뿌려 낸다. 양동마을에 왔던 외국인들도 많이 찾아오는데 맵다고 하면서도 다들 잘 먹는 게 신기하단다. 볶음이나 전골 음식으로는 1인분도 주문을 받는다. 멀리서 찾아와주는 것만도 고맙기 때문이란다.

쑥부쟁이

메뉴 연잎밥정식 1만 8천 원 | 쑥부쟁이정식 2만 원 | 선덕반상 2만 5천 원 | 원효반상 3만 5천 원
주소 경북 경주시 보불로 147-5
전화 054-748-3903
영업시간 11:00~21:30 / 연중 무휴

채식주의자의 여행은 고단하다. 서울도 아닌 지방에서 채식 전문식당을 찾는다는 게 쉽지 않기 때문이다. 기껏해야 비빔밥을 고르거나 채식뷔페를 찾아가는 정도라고 해야 할까. 격식을 갖춰 차린 상을 받아보기란 거의 불가능에 가깝다. 보문단지 근처에 있는 쑥부쟁이는 완벽한 채식을 표방하는 채식전문점이다. 상호에도 아예 '채식을 사랑하는 사람들이 머무는 곳'이라는 문구를 덧붙였다. 경주에서는 거의 드문 경우인데 입소문을 타서 외국인들도 많이 찾아온다고.

채식전문점답게 쑥부쟁이의 모든 음식은 무와 다시마, 버섯을 넣어 우려낸 채수를 기본 국물로 잡는다. 김치에도 젓갈을 넣지 않는 것은 물론이다. 주인 김경미 씨는 약선과 채식 공부에 빠져들면서 기존에 운영하던 식당을 처분하고 채식전문점을 차리게 되었다고 한다.

가장 인기 있는 메뉴는 '쑥부쟁이 정식'. 과일요거트와 현미호박죽으로 시작해 샐러드, 부꾸미, 채소 김밥말이, 파프리카묵무침, 버섯잡채, 들깨버섯탕, 버섯탕수, 모듬튀김, 양념콩고기, 계절면, 잡곡과 된장찌개, 후

식 등으로 이어지는 코스 정식이다. 이 외에도 좀 더 음식의 가짓수를 늘인 '원효반상'과 '선덕반상' 등을 내놓는다.

대부분의 한정식 코스에서는 과일 요거트를 메뉴에 포함시키지 않는다. 간혹 넣더라도 후식에 쓸 뿐이다. 그러나 쑥부쟁이에서는 코스의 맨 앞에 요거트를 내놓는다. 직접 만든 요거트는 식욕을 돋우는 역할을 하는데 자연식을 오래 한 사람들 중에는 식사 전에 과일을 먹는 습관을 들이는 경우가 많다는 것이 주인 김경미 씨의 설명이다.

화전 형태로 지진 삼색 부꾸미는 경우에 따라 감자전이나 메생이전 등으로 바꿔 내기도 한다. 눈길을 끄는 것은 파프리카와 양배추, 적채 등을 넣고 김밥처럼 말아낸 채소 김밥말이. 일곱 가지 색이 나올 수 있도록 재료를 세심하게 챙겨 만든 음식인데 최근 인기를 모으고 있는 '파이토케미컬(phytochemicals)' 요법을 간편하면서도 정확하게 구현한 음식이라는 생각이 든다. 식물을 뜻하는 영어 피토(phyto)와 화학을 뜻하는 케미컬(chemical)의 합성어인 '파이토케미컬'은 식물 화학물질로 알려져

있다. 영양소로 작용하지는 않지만 자신과 경쟁관계에 있는 식물의 생장을 방해하기도 하고 다양한 미생물이나 해충으로부터 자신을 보호하는 역할을 하기도 한다. 당근이나 호박에 많이 들어 있는 황색 색소인 카로티노이드나 토마토에 많이 들어 있는 빨간색 라이코펜 등이 대표적인 파이토케미컬이다.

재미있는 것은 이 식물색소의 색이 인체에서 작용하는 기능과 전통적인 오방색에 기초한 식재료의 약선 효과가 상당부문 일치한다는 점이다. 푸른 채소에 들어있는 엽록소인 클로로필은 헤모글로빈과 구조가 유사하며 조혈작용을 하는 것으로 알려져 있다. 또한 전통적인 오방색에서 청색은 동쪽의 방위를 나타내며 간의 기능을 관장하는 색이다. 서양에서는 푸른색 케일로 만드는 녹즙이 간의 해독제로 쓰인다. 조선의 선비들은 한겨울의 칼바람을 이겨내고 얼음장 밑에서 싹을 올리는 미나리의 생명력과 독야청청한 기운을 높이 사 미나리강회와 미나리 들어간 나박김치를 이른 봄의 별미로 즐겼다. 미나리즙은 술 마시기 전에 마시면 숙취 없이 깨끗하게 취하고, 과음한 다음날에는 숙취를 없애는 선비의 음료이기도 했다. 흰색을 띠는 배, 양배추, 마늘, 더덕, 도라지에 들어 있는 플라보노이드가 대표적인 폐암 억제 물질로 기능한다는 것은 서양의 영양학이다. 폐가 나쁜 사람은 얼굴이 하얘진다. 조상들은 도라지나 더덕 같은 흰색 음식이 기관지와 폐를 보하는 것으로 알아 예로부터 기침을 할 때 도라지 달인 물을 마시게 하거나 도라지청을 먹게 했다. '길경, 도랏, 길경채, 백약, 질경, 산도라지'라고도 불리는 도라지를 자르면 흰색 줄이 나오는 것도 예사로이 넘기지 않았던 것은 우리 조상들의 믿음이다. 김경미 씨는 깻잎을 넣은 삼색전병국수와 비트유자드레싱 등을 끼얹어 내는 샐러드 등 식재료들의 궁합과 색의 조화를 살펴 약성을 높인 음식을 주로 낸다고 한다.

대표적인 채식 음식인 콩고기는 비트를 넣어 색을 내고 캐슈넛과 깨를 넣어 쫀득하게 반죽해 양념치킨 맛을 내 아이들이 좋아할 만한 메뉴. 어른들에게는 생콩과 두부, 견과류 등을 넣어 만든 콩스테이크가 인기 있다. 단호박식혜, 수정과, 매실청 주스 등에 곁들이는 양갱은 완두와 강황, 커피를 넣어 만든 시트를 케이크처럼 활용해 달지 않게 만들었다. 직접 만든 요거트로 코스를 열고, 역시 직접 만든 양갱으로 코스를 마무리하는 정성이 대단하다. 왠지, 남겨서는 안 될 것만 같은 음식들이다.

산드레

메뉴 우슬초 상차림 1만 5천 원 │ 금은화 상차림(채식) 2만 원 │ 백복령 상차림 2만 5천 원
    하수오 상차림 3만 5천 원 │ 청미래 상차림 5만 원
주소 경북 경주시 보물로 299-5
전화 054-746-5400
영업시간 11:00~21:00 / 연중 무휴

산드레 주인 신보경 씨는 처음 닭백숙으로 시작해 순두부집을 거쳐 지금의 약선 음식 전문점으로 자리를 잡기까지 같은 자리에서 이십 년간 화학조미료를 한 톨도 쓰지 않겠다는 고집을 지켜왔다고 한다.

"제가 원래 화학조미료를 먹지 못해요. 그래서 사용하지 않겠다는 원칙을 세웠던 것인데 고집 때문에 망할 수도 있다는 생각을 그때는 못했지요. 순두부는 화학조미료를 사용하지 않으면 정말 만들기 어려운 음식이에요. 콩물을 엉기게 할 때 쓰는 간수 때문에 끝맛이 쌉쌀해지거든요. 그럴 때 화학조미료 조금 넣으면 금방 달짝지근한 특유의 맛으로 바뀌거든요. 맛없다는 얘기도 많이 들었지만 화학조미료 넣은 음식을 내놓지 못하겠더라고요. 남편과도 많이 싸웠어요."

순두부집이 넘쳐나면서 국산 콩값이 천정부지로 오르자 고민 끝에 장사를 접었는데 그때서야 단골들에게 아쉽다는 소리를 듣게 되었다고. 맛없다며 타박했던 사람들이 전화를 해서는 "사장님. 순두부에 화학조미료 정말 안 넣었나 봐요" 하더란다.

"내가 맨날 넣지 않는다고 했잖아요" 하면서 웃었지요. 조류독감 걱정도 싫고, 콩값 오르는 것도 무섭고. 고민 끝에 정한 것이 바로 약선 음식이에요. 본초학부터 시작해 차근차근 공부를 하다 보니 보약 같은 밥 한상 차려보고 싶다는 생각이 들더군요".

약선 음식은 어렵다. 향이 조금만 강해도 역겨워 맛을 버리기 일쑤고 함부로 약재를 쓰면 오히려 독이 될까 조심스럽다. 맛이 순하고 부작용이 없는 구기자 같은 재료로부터 시작해 차츰 사용하는 재료들을 늘려 나갔지만 어렵사리 만든 음식도 가치를 인정받지 못하기 일쑤라 힘이 빠진다. 일일이 설명해주고 싶지만 손님들은 불편해한다. "밥색이 노르스름하니 어떤 손님은 강황 넣어 지은 밥인 줄 알아요. 차자밥이 맛있다는 손님도 있고요. 제가 하는 밥은 황하꽃밥인데."

수많은 시도 끝에 지금은 다섯 가지 정도의 코스 음식으로 정리가 되었다. 각각의 코스는 우슬초, 백복령, 금은화, 하수오, 청미래라는 이름을 붙여 구분을 하고. 모든 한정식이 그렇듯, 산드레도 역시 샐러드로 코스

를 시작한다. 이 한 접시에 일 년 열두 달, 산과 들이 모두 들어있다. 쉽게 쌈채를 사다 써도 되련만 민들레, 질경이 등 산야초에 딸기, 포도, 오미자 등의 발효액과 일곱 가지 약초물을 섞어 끼얹는다. 마를 쪄서 꿀과 잣에 굴려 만든 서야병은 18세기 고조리서인 『소문사설(謏聞事說)』에 등장하는 우병과 닮았다. 재료만 토란에서 마로, 밤가루에서 잣가루로 바뀌었을 뿐. 버섯잡채 역시 흔한 표고나 목이버섯이 아닌 능이버섯을 쓴다. 대하를 쪄서 올려도 구기자물에 쪄내고 흔한 깻잎대신 당귀잎을 바삭하게 튀겨낸다.

음식이 순해야 몸에 이롭다

열다섯 가지의 음식이 이어진 후 마무리는 밑반찬을 곁들인 곤드레밥 한상이다. 음식은 열다섯 가지이나 스치듯 맛본 식재료와 약재는 그 몇

곱절이다. 마무리로 내오는 숭늉을 마시는데 구수하면서도 묵지근한 맛이 그만이다. 아니나 다를까. 그 숭늉 한 그릇도 그냥 내오는 법이 없다. 무쇠솥 바닥에 눌린 누룽지에 따로 누룽지가루를 넣어 끓였단다. 누룽지가루라. 처음 듣는 식재료인데.

"경상도 엄마들은 예전부터 누룽지가루를 만들어두고 먹었어요. 이거 한 숟갈 훌훌 뿌려 넣고 숭늉을 끓이면 훨씬 구수하고 든든하지. 미숫가루는 콩이나 보리 같은 재료들을 볶아서 만드는 거잖아요. 물에 타서 음료로 마시는 거고. 누룽지가루는 일일이 재료를 쪄서 말려 빻는 거라. 끓여 먹어야 제 맛이지. 겨울이면 이거 한 그릇 후루룩 마시다시피 먹고 학교에 가곤 했는데 날이 추워도 속은 훈훈하죠."

절로 혹하는 마음을 누를 수가 없어 결국 신보경 대표의 단골 방앗간을 알아냈다. 거기서 빻아 온 누룽지가루 두어 숟갈 넣어 끓인 밥을 먹으며 이 글을 쓴다. 평생 대어 먹어도 좋을 든든한 식재료 하나 얻었다. 이러니저러니 해도 '밥심'이 최고요, 밥이 보약이다.

다미숲

메뉴 점심 한상 1만 5천 원 ｜ 간장게장 한상 2만 원
주소 경북 경주시 현곡면 소현효자길 13
전화 054-745-0622
영업시간 11:00~14:00 / 일요일 휴무

언제부터인가 '착한 식당'이라는 단어가 유행이 되었다. 인기 PD가 기준으로 잡은 '화학 조미료 쓰지 않는 집'이라는 범주로 그 의미가 심히 축소되어 꽤 아쉬운 명칭이지만. 세상에 착한 식당이 얼마나 많은데 고작 화학조미료 한 숟갈에 갇혀 버렸는가 말이다. 착한 음식이 완성되려면 우선 중요한 것이 좋은 식재료이다. 착한 농부를 알고 있고, 그 식재료를 직접 공수받을 수 있으면 금상첨화다. 그 재료를 잘 건사해가며 건강한 조리법을 접목시킨다면 더 이상의 말이 필요 없다. 맛이 없을 수가 없고, 속이 거북하거나 부대낄 이유도 없다.

다미숲에서 식사를 한다면 적어도 식재료에 대한 의구심을 가질 필요는 없어 보인다. 주인이 직접 재배한 재료만을 사용하기 때문이다. 직영농장을 갖췄는지 묻는다면, 글쎄. 대답은 좀 궁해진다. 100평 남짓한 공간이니 작은 텃밭이라고 하는 편이 좋을 것이다. 그럼에도 불구하고 봄부터 늦가을까지 거두는 작물의 종류를 대라면 한도 끝도 없다. 한 고랑에 고추와 상추, 가지와 호박을 조금씩 심어두고 아침 이슬이 걷히기

전에 거둔다. 늦가을 새벽이면 그 밭 한 귀퉁이에서 콩 털고 깨 털어 한 톨이라도 흘려버릴세라 알뜰하게 주워 담는다. 그리고는 겨울 김장거리를 심는 것이다. 속이 덜 차 헐하지만 질깃질깃한 맛이 그만인 배추를 심는다. 동치미 담글 무 몇 개도 빠질 수 없다. 그 농사일을 보면 영락없는 소꿉놀이인데 바지런하게 밭고랑 사이를 누비는 모습을 보면 감탄이 절로 나온다. '열심'이라는 말은 이럴 때 쓰는 거로구나 싶다.

작은 체구를 가진 주인은 착한 농부와 착한 요리사 두 몫을 해낸다. 한창 바쁜 시간에 주방 일손을 돕는 지인이 한두 명 있을 뿐, 모든 조리 과정에서 손님상에 음식을 내오는 것까지 혼자 힘으로 하고야 마는 것이다. 점심 장사를 마치고 나면 숨 돌릴 새도 없이 그날 수확한 재료들을 모아 장아찌를 담근다. 그래봤자 죄다 작은 밀폐용기에 담길 수준이다. 이집 장아찌가 맛있는 건, 삼삼하게 간을 맞춰 맛이 한창 들었을 때 상에 내는 타이밍에 있다. 오래 묵혀 군내가 날 턱이 없다. 재료가 가진 '기'가 빠질 틈도 없다. 그래서 재미있는 집이다.

잡채 한 가지만으로 식당 주인의 정성의 깊이를 가늠할 수 있다. 미리 무쳐서 두었다가 성의 없이 내는 잡채에 젓가락이 갈 턱이 없다. 다미숲 잡채는 그 자리에서 볶아 김이 빠지기 전에 내온다. 규모가 큰 식당이라면 전을 붙이는 '전모'와 나물을 무쳐내는 '찬모'를 따로 둔다지만 다미숲에서는 그 모든 것이 주인 한 사람의 손에서 나온다. 그럼에도 따끈한 음식은 따끈하게, 차가운 음식은 차갑게 제 온도를 지켜 나오니 참말 기특하다.

백 평 텃밭이면 차려내지 못할 상이 없다

"식재료가 의외로 풍성하지는 않아요. 장아찌 재료라고 해봤자 한 가지에 1킬로그램이나 될까? 담아 놓은 통이 가벼우니 수시로 간을 보면서 수정을 할 수 있어요. 머위장아찌도 여린 것을 솎아 오니 껍질을 벗기지 않아도 아삭아삭하고 가지장아찌는 애기 손바닥 길이를 넘지 않는 것으로 골라 담가요. 소금 조금, 물엿 조금에 버무려 수분을 빼는 과정을 2~3번만 하면 꼬들꼬들해지지요."

손님들이 남긴 음식을 버릴라치면 아깝고 슬프단다. 그렇다고 해서 재활용을 하지는 않는다. 그저 수분을 빼고 잘 말려서 태워 거름으로 쓴다. 주인 하는 양을 유심히 보곤 하던 단골 한 명은 그녀를 '명장님'이라고 부른단다. 바닷물 떠와서 게만 키우면 되겠다는 농과 함께.

다미숲은 게장 맛있기로도 유명한데 철이 되면 거의 매일 부산으로 나가 구해온다. 새벽 2시에 출발해 4시에 도착하면 경매하는 게 두어 상자를 구해 올 수 있다. 예전에는 열상자도 거뜬했지만 지금은 씨알 굵은 것이 없어 고르고 골라 구해오는 것이다. 간장게장 전문점들이 앞을 다퉈 서해안 꽃게를 독점하다시피 하는 통에 꽃게 구하기가 너무 어려워 낙지볶음으로 대체하고 싶다는 생각이 수시로 들지만 아직은 견딜 만하

니 새벽마다 부산으로 길을 잡는다.

통통한 애기고추찜, 8년 된 묵은지를 씻어 넣어 보글보글 끓여낸 비지찌개, 배즙에 재웠다가 매콤하게 볶아내는 제육볶음 등 어느 하나 새로울 것은 없지만 밥 한그릇 달게 비우기에 부족함이 없다. 여기에 손맛 제대로 실어 암팡지게 무쳐 낸 나물 몇 접시가 곁들여진다. 하얀 앞치마를 두르고 하얀 머릿수건을 쓰고 밭으로 주방으로 오가는 주인은 항상 웃고 있다. 힘이 들지 않는다면 거짓말일터. 그럼에도 혼자 가꾸고 혼자 밥상 차려내는 일이 참 재미있어 보인다. 주인이 웃으니 손님도 웃는다. 차마 버릴 수 없다는 찬이라니 이왕이면 깔끔하게 비우고 싶어진다. 착한 손님이 되고 싶어진다. 손님 제대로 조련하는 주인이다.

순두부 한 뚝배기에 담긴 손맛의 정석

두부마을

메뉴 해물순두부 9천 원 | 들깨순두부 1만 원 | 두부스테이크 9천 원 | 촌두부버섯전골 1만 1천 원
한방보쌈정식 1만 5천 원 | 한방보쌈정식 1만 5천 원
주소 경북 경주시 불국로 168-3
전화 054-741-7775
영업시간 09:00~20:00

두부 제조 관련 논문이 하루가 멀다 하고 쏟아진다. 콩 단백질 응고에 칼슘, 마그네슘, 산 등이 작용하는데 착안해 가지각색 아이디어를 총동원하는 것이다. 두부를 굳히려면 원래 간수를 쓰지만 식초를 넣어도 두부는 만들어지는 법. 석류즙, 살구즙, 오미자즙, 매실즙 등을 첨가한 두부가 등장한 이유이다. 기능성을 높이기 위해 몸에 좋다는 클로렐라, 메생이, 함초를 넣은 두부도 있다. 그럼에도 불구하고 어느 하나 꾸준히 판매된다는 얘기를 듣지 못했다. "두부는 어떤 것도 다 될 수 있는 음식"이라는 옛 할머니들 말씀은 고추장, 된장, 젓국 등 어떤 밑 재료를 만나도 무난하게 어우러지는 두부의 담박함을 이른 말이었을 뿐, 저 혼자 튀는 두부를 어디에 쓸 것인가 말이다.

"연세가 있으신 분들은 옛날식으로 아무것도 넣지 않은 순두부를 많이 드세요. 단골들은 들깨순두부를 많이 찾고요. 젊은 사람들은 아무래도 얼큰한 순두부를 좋아하지요." 5년 째 두부마을을 운영하고 있는 주인 박영희 씨는 상에 내는 음식을 모두 자신의 손으로 마련한다. 매일 한

번, 혹은 두 번씩 두부를 만들고 멸치를 아낌없이 써서 육수를 뽑는다. 열 가지가 넘는 반찬의 간은 반드시 자신이 봐야 하고 모든 메뉴에 곁들이는 두부 스테이크도 기계를 쓰면 맛이 덜하니 일일이 손으로 다져서 빚어야 한다. 낙지젓갈만 유일하게 구입해서 쓴다고 하는데 그마저도 양념을 고루 넣어 무치는 것은 역시 그의 몫이다.

두부는 재료 자체가 담백하기에 어떻게 조리하느냐에 따라 음식점의 내공이 그대로 드러날 수밖에 없다. 특히 순두부찌개를 조미료 없이 만들기는 대단히 어렵다. 집에서 만들면 유독 맛이 없는 음식 중에 하나가 순두부찌개인 것도 그런 이유에서이다. 두부마을은 조미료를 쓰지 않고 멸치만으로 육수를 낸다. 관건은 양을 아끼지 않는다는 것과 한꺼번에 많이 사두지 않고 5일장이 열릴 때마다 자주 구입한다는 것. 건어물인 멸치는 보관을 잘하지 않으면 금방 산패되어 육수를 만들면 맛이 비리고 국물이 탁해지기 때문이다. 들깨 순두부는 이 국물에 볶은 소금만 넣어 깔끔함을 살리고 얼큰한 해물순두부는 홍합, 새우 등을 넣어 감칠맛을 올린다. 거피들깨와 흰 순두부가 들어간 들깨순두부에 색을 더하기 위해 검은색 목이버섯을 쓰고 씹는 맛을 더하기 위해 새송이를 다져 넣고 고소한 맛을 살리기 위해 볶은 소금을 갈아 넣는다. 얼큰한 해물순두부에 들어가는 고추기름은 마늘, 양파, 생강 등을 넣어 만든 후 여기에 다시 2차 양념을 해서 쓴다. 김치는 산뜻한 맛을 살리기 위해 매일 겉절이를 담근다고 한다.

주방을 지키는 주인이 옳다

개업한 식당이 자리를 잡으려면 못해도 3년은 걸린다는 얘기가 있다. 음식 맛이 입소문을 타고 유명해지는 데 걸리는 물리적인 시간이다. 요즘은 SNS 덕분에 그 시간이 대폭 단축되었다. 하지만 폐업까지 걸리는 기간도 덩달아 짧아졌다. 3년까지 기다릴 수가 없는 것이다. 구체적인 통계자료를 통해서도 확인할 수 있다. 서울시에서 빅데이터를 통해 골목상권 분석 서비스를 제공하는 사이트에 들어가 보았다. 2016년 4분기를 기준으로 했을 때, 자영업자들의 평균 폐업기간은 2.1년이라고 한다. 내친김에 외식업 중에서 관심업종을 한국음식점으로 설정하고, 내가 살고 있는 지역을 관심지역으로 설정한 후 창업 위험도의 결과를 보았다. 답은 참담했다. 같은 구내의 골목상권 62개 중 대부분에서 '고위험, 위험'이라는 지표가 보였다. '의심, 주의' 정도도 드물었다. 결과를 보고나니 무료할 때마다 '식당이나 한번?'을 꿈꿨던 일들이 열없어졌다. 이런 상황에서도 여전히 사람들은 의심 없이 창업을 하고 맥없이 폐업을 한다. 모두들 흔치 않은 예외가 되기를 기대하지만 현실은 결코 녹록치 않다.

　박영회 씨는 아무리 늦어도 저녁 8시면 가게 문을 닫는다. 다음날 준비를 미리 해야 하기 때문이다. 휴일이나 공휴일에는 손님이 더 많으니 문을 닫을 수가 없다. 추석이나 설날도 마찬가지. 한 달에 이틀 정도, 월

요일이나 화요일 중 손님이 적은 날을 잡아 오후 3시까지만 문을 여는
게 쉬는 거라고 한다. 일을 너무 많이 해 관절이 모두 닳았다는 그는 밤
마다 쑤시는 손가락을 뜨거운 파라핀 액에 담그는 바람에 손이 아예 빨
갛게 익어버렸다. "원래는 노년을 편하게 보내고 싶어 커피전문점을 열
고 간단한 식사 메뉴를 냈는데 밤늦게까지 손님이 찾아오는 거예요. 차
라리 식당을 하자는 생각이 들어서 바꿨는데 개업하자마자 그날부터 손
님이 몰리더라고요. 그게 지금까지예요."

매일 구워야 하니 스테이크 만드는 일이 제일 힘들다. 그래도 두부를
으깨서 물기를 짜고 버섯이나 당근, 파, 양파 등을 일일이 다져 넣어 두
부스테이크를 빚는 모든 과정을 수작업으로 한다. "두부로 업종을 정하
고 여러 곳을 다니며 먹어봤지요. 그런데 대부분 꽁치구이 같은 생선 반
찬을 내더군요. 담백한 음식을 먹으러 가는 두부집인데 실내에 생선 비
린내가 나는 것이 어쩐지 싫더라고요. 그래서 생각해낸 것이 이 두부스
테이크예요. 인기가 있어 좋은데 단점은 일이 너무 많다는 거예요."

맛의 비법은? 없다. 굳이 꼽는다면 본인도, 주방 식구들도 모두 힘들
어한다는 그의 '성격'일 것이란다. 잠시도 주방을 떠나지 않는 조바심,
열 가지도 넘는 밑반찬의 간을 모두 맞춰야만 직성이 풀리는 그 고약한
성격 말이다. 아무려나. 주방 사정은 알 바 아니다. 손님 입장에서는 그
저, 먹어보면 확실히 다르다는 말을 할 수밖에. 주인 아닌 손님이라, 다
행이지 싶다.

촌닭과 오리로 즐기는 약선

토함산

메뉴 닭백숙 5만 원 | 닭볶음탕 4만 5천 원 | 오리백숙 5만 원 | 오리볶음탕 4만 5천 원 | 오리불고기 4만 원
주소 경북 경주시 하동 582-3
전화 054-745-7706
영업시간 09:30~21:00 / 연중 무휴

백숙(白熟). 말 그대로 아무런 양념 없이 맹물에 고기나 생선을 넣어 푹 익힌 음식이다. 그러니 닭이 아니더라도 백숙거리는 많을 터이다. 하지만 한국인에 있어 백숙은 역시 닭백숙이다. 시골집 마당, 모깃불, 여름방학, 개구리 울음소리. '백숙'이라는 단어를 들으면 자연스럽게 떠오르는 머릿속 연관어가 아닐는지.

토함산에서 내오는 백숙 상차림은 바로 그 단어들의 조합 속 이미지를 그대로 구현하고 있다. 상호에 촌닭이라는 표현을 굳이 쓴 주인 권용태 씨는 1년 내내 전라도 농장으로부터 닭을 공급받는데 씹는 맛을 제대로 볼 수 있는 1.5kg 내외의 것만을 고집한다.

보양식을 넘어 '약선'이라는 표현을 사용한 만큼 국물 마련에 기울이는 정성도 만만치 않다. 첫 번째 단계는 오리와 닭의 잡 뼈를 푹 고아 밑 국물을 마련하는 것. 그 다음 황기와 오가피를 비롯한 몇 가지 약재를 30분간 끓여 우린 물과 섞어 기본 육수로 삼는다. 압력솥에 기본 육수를 붓고 생닭을 넣어서 1차로 찐 다음 황기, 오가피, 대추, 마늘, 은행 등을 넣

어 삶으면 기본 준비가 끝난다. 이렇게 조리한 백숙을 커다란 냄비에 옮겨 담고 미리 삶아 둔 주먹감자를 곁들여 상에 내는 것이다. 오리백숙도 재료만 달라질 뿐 만드는 과정은 별반 다르지 않다.

토함산의 닭백숙 상차림은 단순하다. 가장 경제적인 방법으로 푸짐하게 즐기는 음식이기에 불필요한 밑반찬을 늘어놓을 필요가 없기 때문이다. 그러나 김치와 장아찌, 샐러드만큼은 사용하는 재료와 조리법 모두 기대 이상이다. 커다란 유기접시에 수북하게 담아 내오는 겉절이 형식의 샐러드는 신선한 쌈채와 비트, 파프리카 등을 둘러 담고 달지 않은 소스를 끼얹어낸다. 현미식초에 다시마와 흑설탕을 넣어 천천히 숙성시킨 다시마식초에 유자청, 레몬즙 등을 넣어 샐러드 소스를 만드는 것이다. 장아찌 역시 통마늘장아찌, 무장아찌, 콩나물장아찌 등을 번갈아가며 낸다. 직접 담근 보리막장에 땅콩 해바라기 씨, 된장을 넣어 섞은 쌈장은 풋고추와 찰떡궁합을 자랑한다.

"아삭아삭 씹히는 맛이 독특한 콩나물 장아찌는 발라낸 닭살에 척척

걸쳐 먹으면 좋아요. 고추와 양파, 생강, 구기자 등을 넣어 푹 끓인 채수에 간장과 식초, 설탕을 넣어 장아찌 국물을 만듭니다. 거두절미해서 살짝 데친 콩나물에 장아찌 국물을 부은 다음 2~3일 두면 완성되는데 여기에 참기름과 고춧가루 조금 넣어 무치면 말이 필요 없어요."

백숙 맛을 살리는 건, 8할이 김치

토함산의 성실함이 제대로 반영된 음식은 바로 김치. 잘 익은 배추김치와 먹음직스럽게 썬 무김치를 한 접시에 담아내는데 백숙도 백숙이지만 이 김치 하나 보고 찾아오는 단골들의 수가 만만치 않다고. 찹쌀에 흑미, 땅콩, 콩가루, 땅콩가루 등을 넣고 쑨 흑임자죽이 마지막에 나오는데 이역시 잘 익은 김치를 얹어 먹으면 깔끔하게 식사를 마무리할 수 있다.

"배추김치만 1년에 2천포기를 담가요. 동그란 가을무도 몇천 단을 구입하고요. 이걸 다 손수 절여서 김치를 담급니다. 해마다 11월 10일 정도가 되면 김장을 시작하죠. 무김치를 따로 담가가면서 틈틈이 배추김치

를 담그는데 족히 한 달은 걸립니다. 전날 배추 절이고 다음날 김치 담그는 과정을 반복하는 거죠. 오리육수 섞어 부으면 익어갈수록 국물 맛이 시원해집니다. 소금도 간수를 3년 이상 뺀 것만 사용하고요. 새우젓과 멸치액젓도 직접 담가서 2년 이상 숙성시킨 다음 씁니다. 맛이 없으려야 없을 수가 없죠."

촌닭으로 만드는 음식에 닭볶음탕이 빠질 수 없다. 이 역시 냄비 위로 수북하게 재료를 쌓아 올려 푸짐하게 차려 낸다. 주먹만 한 감자를 듬성듬성 담고 한참 끓이면 단맛이 우러나오는 대파를 듬뿍 얹었다. 버섯도 마찬가지. 맛은 우리가 익히 알고 있는 시골집 닭볶음탕에서 조금도 벗어나지 않는다. 기대한 그대로 음식이 나온다는 것은 참으로 즐겁다. 토함산의 닭볶음탕이 그렇다. 포슬하게 익은 감자를 건져 숟가락으로 으깬 후 잘 졸여진 국물을 더해 먹는 맛이 그만이다. 거짓말 조금 보태 아이 팔뚝만 한 닭다리 하나를 건져 담으니 개인 접시를 반 이상 벗어난다. 쫄깃하게 익은 닭살에 양념이 알맞게 배어 밥을 부른다. 먹고 남은 국물이 아깝지만 밥을 볶아먹기에는 벅차다. 그만큼 푸짐하다.

살짝 데친 콩나물을 찹쌀고추장에 비벼 먹는 맛

삼영복전문식당

메뉴 생참복 지리·매운탕 3만 3천 원 ┊ 밀복 지리·매운탕 1만 5천 원 ┊ 은복 지리·매운탕 9천 원
　　　밀복 수육 5만 원~7만 원
주소 경북 경주시 봉황로 67
전화 054-771-3030
영업시간 09:00~21:00 / 연중 무휴

복어는 집에서 조리해먹기 어려운 생선이다. 알과 피에 있는 테트로도
톡신이라는 맹독성 물질 때문이다. 그래서 살이 쫄깃쫄깃하면서도 연해
서 예로부터 미식가들의 입맛을 사로잡았지만 두려움의 대상이 되기도
했다. 17세기 강와(强窩)가 지은 『치생요람(治生要覽)』에서는 "간과 알,
등골 뼈 안의 검은 피를 없애고 깨끗하게 씻은 복어를 미나리와 같이 끓
여서 국을 만들면 독이 없다"라고 복어 먹는 법을 설명하고 있거니와 다
른 여러 문헌에서 보는 복어 조리법은 거의 비슷하다. 복어는 알과 이리
를 잘 구분해야 한다. 알은 그야말로 맹독을 품고 있어 먹으면 위험하지
만 수컷의 정소인 이리는 부드러우면서도 진하게 감기는 맛이 유독 뛰
어나 예로부터 서시유(西施乳)라고 불렸다. 춘추시대 월나라의 경국지
색인 서시의 유방에 비할 정도니 그 맛을 짐작할 수 있을 터.

　　복어의 제철은 11월부터 1월 사이이다. 넉넉하게 날을 잡아 늘여도 10
월부터 2월 말까지를 복어철로 볼 수 있다. 이성우 선생도 『한국요리문화
사』에서 조선 후기 유득공의 『경도잡지(京都雜志)』에 실린 "복숭아꽃이

떨어지기 전에 복어국을 먹는다"는 구절과 이덕무의 『청장관전서(靑莊館全書)』에 실린 "2~3월 사이에 흔히 복어를 먹고 죽는 자가 많다. 죽는 줄 알면서도 먹고 있다"는 구절을 통해 복어 먹는 시기를 가늠하고 있다.

"밀복은 10월 말부터 2월 말까지만 나요. 이때 일 년 쓸 걸 구입해서 냉동해두고 사용합니다. 생물이 나올 때는 당연히 생물을 쓰지요. 까치복은 5월부터 나기 시작해 11월까지도 나오긴 하는데 별로 없어요. 그야말로 1년에 한 번 먹을까 말까지요."

복어는 맹물로 뽀얗게 우러나도록 끓여야 제맛

시집오자마자 시아주버니로부터 가게를 넘겨받아 40년 동안 꼬박 자리를 지켰다는 주인 문성자 씨는 해 뜨자마자 가게 문을 두드리는 술꾼들 때문에 꼭두새벽부터 가게 문을 열던 새댁시절을 가장 좋았던 기억으로

추억했다. 고기 물량이 많지 않았던 때라 아침 10시에 가게 문을 닫고 점심에 팔게 없으면 건너뛰었다가 저녁에 다시 문을 열곤 했다는 것이다. 그때만 해도 울산 장생포 근처에서 잡는 밀복 한 가지만 가져다가 팔던 시절이었다.

"포항에서 은복이 잡히기 시작하고부터는 10년 정도 은복도 많이 냈어요. 그러다가 은복도 잘 잡히지 않게 되었지요. 7~8년 전까지만 해도 아들이 통영까지 물차를 몰고 가서 받아오고는 했는데 너무 힘들어서 이후로 은복은 중국산을 씁니다. 다행히 배가 하얗고 등이 까만 밀복은 여전히 잡혀요."

지금도 설과 추석 하루 정도만 쉬고 연중 문을 연다고. 단골도 단골이지만 소문 듣고 찾아오는 외지인이 많아졌다는 것이다. 지리와 매운탕, 수육을 주로 내는 상차림은 단출하다. 김치와 물김치, 버섯무침 정도만 낸다. 특이한 것은 커다란 스텐 대접에 담아내는 고추장. 참기름을 조금

쳤다. 이 고추장이 수십 년 단골을 찾아오게 하는 비법이다. 양은 냄비에 담긴 복국이 끓으면 밑에 깔아 익힌 콩나물을 건져 비벼 먹는 것이다.

"식당 뒤쪽에 다섯 개의 고추장 독을 두고 찹쌀고추장을 직접 담가 씁니다. 독 하나가 비면 그만큼 담가서 항상 같은 양을 유지하는 거지요. 한여름에도 담가요. 고춧가루가 50근 들어가는 독이 세 개, 30근 들어가는 독이 두 개지요. 두어 달에 한 번은 담그나 봐요."

텁텁하지 않은 고추장에 비빈 콩나물무침은 단맛과 신맛이 없어 마냥 먹게 된다. 복국 많이 먹는 부산 지역에서는 잘 하지 않는 방법인데 시집왔을 때부터도 이미 이런 방법을 쓰고 있었다니 역사가 꽤 길다. 대신 복어껍질무침을 따로 내지는 않는다. 워낙 많은 양을 쓰는 콩나물은 계약 재배한 것을 시루째 가져오는데 매번 식당에서 머리를 떼고 다듬어서 쓴다. 서울에서는 미나리를 추가해서 먹는 사람은 많아도 콩나물을 더 달라고 해서 먹는 사람은 드물다. 그러나 여기서는 콩나물을 더 달라고 하는 손님들이 많다고 한다. 오랜 단골들이 오면 2인분을 주문해도 아예 콩나물을 4인분 정도로 넉넉하게 넣어서 끓일 정도란다.

복어 수육은 물이 팔팔 끓을 때 복어를 넣고 소금간만 살짝 해서 삶아낸다. 지리나 매운탕도 마찬가지로 육수를 쓰지 않고 맹물을 쓴다. 물의 양만 잘 조절하면 뽀얗게 국물이 우러나기 때문이다. 관건은 고기 양에 맞게 물의 양을 조절해야 한다는 것. 그래서 아예 끓여서 포장해가는 손님이 많다고 한다.

연을 테마로 한 청정무구 한정식

하연지

메뉴 연잎한정식 1만 3천 원 │ 원효반상·선덕반상 2만 8천 원
주소 경북 경주시 포석로 932-4
전화 054-777-5432
영업시간 11:30~19:00 / 연중 무휴

연(蓮)은 버릴 데가 없다. 뿌리, 열매, 꽃은 모두 건강한 식재료이자 효험 좋은 약으로 쓰인다. 김정련 씨가 운영하는 하연지(荷蓮池)는 연으로 만들 수 있는 모든 음식을 맛볼 수 있는 한정식 식당이다.

"어릴 때 어머니가 연근 음식을 많이 해주셨어요. 연근으로 만든 음식은 다 좋아하는데 특히 죽을 좋아합니다. 연근과 찹쌀을 갈아서 죽을 쑤면 소화가 되지 않거나 속이 아플 때 먹으면 좋지요. 연근을 삶아서 먹어도 파삭하니 맛이 있고요. 소다를 넣고 삶으면 금방 익는데 이걸 찢어서 말린 다음 장조림 하듯이 간을 해서 볶으면 고기보다 맛있어요."

하연지는 한정식 식당인 만큼 단품보다는 다양한 음식을 골고루 맛볼 수 있는 코스 메뉴가 인기 있는데 특히 연잎밥은 경주 제일이라는 평이 자자하다. 연근과 고구마를 쪄서 섞은 다음 오디소스를 올린 연근카나페는 달콤한 맛이 돌아 입맛을 돋우는 데 좋다. 연근 발효액으로 맛을 낸 샐러드에는 양파 초절임을 곁들인다. 비트로 붉게 물을 들인 양파 초절임은 연꽃 모양이 되도록 모양을 살린 하연지의 대표 음식. 고기를 곱

게 갈아 반죽한 다음 얇게 썬 두 개의 연근 조각 사이에 끼우고 찹쌀가루 묻혀 지진 연근샌드와 들깨를 갈아 넣은 연근채 볶음에 곁들여 먹어도 상큼하다. 글루텐 반죽을 얇게 떠서 만든 채식 고기에 채 썬 연근을 돌려서 달착지근하게 조린 연갈비찜도 쉽게 맛보기 힘든 별미이다.

하연지에서만 맛볼 수 있는 독특한 메뉴로는 원효반상과 선덕반상이 있다. 원효반상은 남자를 위한 밥상. 해삼을 주재료로 해서 만든 황룡탕을 메인 음식으로 잡았다. 여자를 위한 선덕반상에는 들깨를 듬뿍 넣어서 끓인 모란탕을 곁들인다. 모든 음식에는 설탕이나 물엿 대신 연근 발효액을 넣어 당도를 잡고 먹고 난 후에도 소화를 도와 속이 편하도록 배려했다. 전, 만두, 잡채 등 10여 가지의 음식을 코스대로 즐긴 후 마지막에 밑반찬을 곁들인 연잎밥으로 식사를 마무리한다. 직접 담근 된장으로 끓이는 된장찌개에는 멸치나 고기 대신 다시마와 무를 푹 우려 만든 채수를 넣어 깔끔한 맛을 살렸다.

깊은 맛 장아찌 곁들여 먹는 자연산 잡어탕과 고디무침

산천식당

메뉴 잡어매운탕 1만 1천 원 ｜ 추어탕 7천 원 ｜ 고디무침(대) 3만 원 ｜ 피리조림 2만 5천 원
주소 경북 경주시 산내면 의곡중앙길 9
전화 054-751-5620
영업시간 06:30~21:00 / 연중 무휴

"산내천은 일급수라 메기, 꺽지, 뿌구리, 지름치, 돌고기, 텅구리 같은 고기가 많이 나요. 특히 돌고기가 많이 나는데 통발로 잡아 잡어매운탕을 끓입니다. 잡내 없고 흙내도 없어요. 찬물부터 고기와 채소를 같이 넣고 양념장 얹어 끓입니다."

주인 박명순 씨는 매운탕에 육수를 따로 넣지 않는다. 인삼, 표고, 홍삼, 민물새우가루 등이 들어가는 양념장만으로도 충분하기 때문이다. 여기에 집간장을 넣어 간을 잡는다. 어머니로부터 물려받은 200년 된 씨간장에 해마다 새 간장을 더해 숙성시킨 접장이다. 고추장을 넣지 않아서일까? 텁텁한 맛이 나지 않는 잡어 매운탕은 칼칼하면서도 시원하다. 언뜻 보면 듬성듬성 수제비가 보이는 전형적인 매운탕이지만 알싸한 초피향이 맴돈다. 칼칼함의 비결은 고춧가루. 두물 고추와 세물 고추만 고집한다. 첫물 고추는 까끌까끌해서 맛이 없고 네물 고추는 뻣뻣하기 때문이란다. 고추 포기에서 첫 번째로 열리는 고추가 첫물 고추이다. 두 번째로 수확하는 것이 바로 두물 고추. 한 해에 쓰는 고추 양은 대략 천 근

정도. 가을에 잘 말린 태양초를 한꺼번에 구입해 빻아 저온창고에 넣어두고 1년 내내 쓴다. 장사하는 사람이 건조기에서 일단 한번 쪄낸 다음 비닐하우스에서 다시 말린 화건초 대신 가격이 30% 이상 비싼 태양초를 고집하기란 쉽지 않은 일이다.

설탕 양을 줄여 개운하고 맑은 발효액으로 내는 손맛

"산내는 산채와 약초가 좋아요. 철따라 나는 것들을 가져다 발효액을 만들어두고 씁니다. 설탕과 동량으로 담그면 너무 달아서 설탕 양을 많이 줄여요. 대구 외가에서 쓰던 방식인데 어머니가 해마다 담가 주시곤 했어요. 게장 담글 때 쓰면 좋겠다 싶어 시작하셨답니다."

박명순 씨가 따로 발효액을 만들기 시작한 지도 벌써 40년 이상 되었다. 재료가 다 뭉그러진 해가 있었는가 하면, 초파리가 들끓어 망친 해도 있었고, 곰마지가 가득 앉아 모두 내다버린 적도 있었단다. 4년 정도 지나서야 터득했다는 방법으로 해마다 담그는 발효액은 끈적이지 않고 맑은 것이 특징. 설탕과 재료의 비율을 3:7 정도로 잡기 때문이다.

건더기를 건져 버리고 난 발효액은 종류에 따라 다른 독에 담아 숙성시킨 다음 필요에 따라 섞어서 사용한다. 그의 1년은 철따라 발효액 담그고 거르는 일로 늘 분주하다. 3월이 되면 쑥과 질경이로 시작해 솔순, 뽕잎, 취순 등으로 잎 발효액을 만들고 아카시아, 진달래, 윤동초, 망개꽃, 찔레꽃, 다래꽃 등으로 꽃 발효액을 만든다. 매실로 시작해 오미자, 돌감, 개복숭아, 아로니아 등의 열매 발효액을 만드는 동안 일 년이 간다. 발효액은 주로 장아찌를 담그는데 사용한다. 달임장과 발효액을 1:1로 섞어 장아찌 재료 위에 부어 저온냉장고에 보관해두고 쓰기 때문이다. 장아찌 만드는 법을 설명하는 박명순 씨를 보면서 식당 주인 아무나 하는 게 아니라는 생각을 꽤 오랜만에 해보았다.

"먼저 채수를 우려요. 찬물에 채소 몇 가지 넣어 푹 끓인 다음 맑은 국물만 받아 동량의 집간장을 붓고 다시 30분 달입니다. 이때 대추, 고추씨, 양파껍질을 넣어요. 건더기를 버리고 거른 맑은 달임장과 효소액을 동량으로 섞어 수분을 뺀 장아지 재료에 넉넉하게 부어두면 밑 작업이 끝납니다. 이렇게 20가지 이상의 장아찌를 담가놓고 매일 돌아가면서 꺼내 쓰는 거예요."

매일 아침 준비하는 열 가지 장아찌와 밑반찬

박명순 씨의 하루는 새벽 4시에 추어탕 한 솥과 고디탕 두 솥을 앉히는 것으로 시작된다. 각각 80그릇이 나오는 대형 솥이다. 이어서 당일 쓸 반찬 열 가지 정도를 준비하는 게 큰 일. 밑손질을 해둔 장아찌 중에 대여섯 가지를 꺼내 무치고 나물거리도 다듬어 데쳐서 일일이 간을 달리해가며 무친다. 장아찌는 원래 꾸득꾸득하게 말린 재료를 된장독이나 간장독에 박아 만든다. 오이나 무는 고추장독에 박고, 깻잎이나 콩잎은 된장독에 박는 식이다. 그러나 박명순 씨는 밑손질을 해둔 장아찌를 꺼내 그날 기분 따라 맛을 부여한다. 같은 무장아찌가 어느 날은 된장무침으로 상에 오르는가 하면, 다음날은 고추장무침으로 변신하는 식이다. 원래 장아찌를 박은 고추장 독에 담긴 고추장은 다른 용도로는 사용할 수 없다. 찌개를 끓이거나 나물 무침에 사용할 수 없는 것이다. 된장도 대개는 그렇다. 박명숙 씨는 이런 낭비가 싫었다고 한다. 독에 오래 묻어 둔 장아찌는 염도가 높고 군내가 나기 쉬워 먹을 때 물에 씻어서 무쳐먹는데 이 또한 합리적이지 않다는 생각이 들었다고.

조림에 쓰는 양조간장도 그대로 쓰는 법이 없다. 기름 없이 볶아 비린내를 날린 마른 멸치와 마른 새우를 기본으로 해서 흰콩, 검은콩, 대추, 고추씨, 파, 양파껍질, 표고 등 아홉 가지 재료를 물에 넣어 충분히 달인 다음 동량의 간장을 섞어 그 양이 반이 되도록 다시 졸이는 것이다. 새끼손가락 크기의 피라미 배를 따서 튀긴 다음 조림장 얹어 지글지글 조려 내는 피리 조림은 새벽에 달이는 조림장이 없었더라면 맛볼 수 없었을 별미.

자연산 다슬기를 삶고 일일이 바늘로 살을 발라 끓이는 고디탕은 이제 정말 먹기 어려워져 늘 아쉬운 음식이다. 물 맑은 하천이 드물고 귀한 까닭이다. '빤질고디'라고도 부르고 '약고디'라고도 부르는 산내천 고디는 문질러 씻어서 사흘 해감시키고 삶으면 파란 물이 우러나는데 들깻가루를 듬뿍 풀고 매운 고추를 넣은 다음 밥을 말아 먹는다. 가까운 곳에 산다면 매일 찾아가 먹고 싶을 맛이다. 추어탕은 자연산 잡어와 미꾸리를 섞어 끓인 것. 연배추 우거지를 넉넉하게 넣고 양파와 호박으로 자연스러운 단맛을 내고 된장과 집간장으로 마무리한다. 알싸한 마늘 다짐과 고춧가루를 얹어 개운한 맛. '제 새끼도 잡아먹을 정도로' 성질이 사납다는 뿌구리 손가락만한 것을 배 갈라 뼈째 내는 세꼬시 한 접시 곁들여 먹으면 흔치 않은 자연산 민물밥상을 제대로 맛볼 수 있다.

3대를 이어온 중국음식점

어향원

메뉴 꿔바로우·사천탕수육 1만 6천 원 ┃ 홍소해삼 6만 원 ┃ 칠리소스 바닷가재 6만 원
주소 경북 경주시 화랑로 76 - 1
전화 054-772-2821
영업시간 11:00~21:00 (Break time 15:00~16:30) / 매달 첫째주 월요일 휴무

경주 3대 맛집 중의 하나라고 칭하는 이가 있는가 하면, 서울 이남에서 최고의 중국음식점이라 부르는 단골도 있다. 3대, 60년을 이어온 중국음식점 '어향원'이다. 창업주 고 정세덕 씨는 원래 함경남도 원산에서 중국음식점을 열었다가 6.25 전쟁 이후 남으로 내려와 부산국제시장을 거쳐 1965년 경주에서 '미화반점'을 열면서 자리를 잡았다. 창업주 정세덕 씨는 원래 화교였다. 중국 산동성 연태 출신이다. 지금 젊은이들이 가장 많이 마시는 '연태고량주'의 고향이다. 지금도 주인 정승례 씨는 한 달에 한 번씩 연태로 가 식재료를 공수해 온다.

여향원의 메뉴 리스트는 꽤 친절하다. 규모가 있는 식당인 만큼 국내에서 접할 수 있는 거의 모든 중국음식을 망라하고 있다. 탕수육만 해도 일반 탕수육, 사천 탕수육, 꿔바로우, 찹쌀탕수육 등 조리법을 달리 한 네 가지 종류를 선보인다. 탕수육과 매운 맛을 가미한 사천 탕수육은 옛맛을 잘 지키고 있다는 평가를 받고 있다. 여기에 찹쌀튀김옷을 입혀 바삭함을 강조한 찹쌀탕수육과 쫀득쫀득한 꿔바로우까지 가세한 것. 생강

과 마늘, 파 등 향신채를 볶아 향을 내고 현미식초로 구수한 맛을 살린 꿔바로우는 경주에서 가장 먼저 선을 보인 메뉴이다.

3대에 걸친 오랜 단골이 함께 지켜가는 옛 맛

"어린 시절을 떠올리면 주방에서 들려오던 지글지글 달걀 프라이 소리가 제일 먼저 떠올라요. 양파를 썰 때 나는 리드미컬한 소리며 웍에 채소 볶는 소리도. 거기에 반해 방학만 되면 주방에 들어갔지요. 열다섯 살부터였을 거예요." 대학에서 조리를 공부한 아들 정가량 씨가 하루 12시간씩 주방을 책임지고 한창 바쁜 점심시간에는 아버지 정승례 씨가 30분 정도 웍을 잡는다. 키가 훤칠한 정승례 씨는 청년 시절, 식사를 하러 들렀던 홍콩 감독의 눈에 들어 영화배우가 될 뻔했지만 모친의 반대로 눌러앉아 지금까지 어향원을 지키고 있다.

산둥반도 출신의 창업주로부터 내려온 만큼 해산물 리스트가 퍽 다양한데 어향원의 오랜 단골들은 홍소해삼(紅燒海參)을 별미로 꼽는다. 돌기가 여덟 개라 '팔각삼'이라고 불리는 해삼이 주재료다. 킬로당 가격이 40만 원선에 육박한다.

중국음식에 쓰는 해삼은 마른 것을 쓰는데 이걸 제대로 다룰 줄 알아야 내공을 인정받는다. 시간이 오래 걸리고 손질이 까다로워 대부분 삶아서 쓰지만 원래는 제대로 불려야 한다. 7~8번 정도 물을 갈아주면서 사흘은 불려야 잡맛을 없애고 제대로 된 식감을 살릴 수 있다. 가늘게 썬 돼지고기와 죽순, 목이버섯 등을 볶은 다음 전분 육수로 마무리한 어향

육사(魚香肉絲)와 잘게 썬 닭고기에 땅콩, 오이 등을 넣어 볶고 황주, 산초나무 열매로 만든 화초로 맛을 내는 궁보계정(宮保鷄丁), 칠리소스 바닷가재도 어향원의 인기 메뉴.

가격이 부담스러운 요리에 기죽을 필요는 없다. 경주에서 가장 먼저 선보였다는 굴짬뽕을 비롯해 얼큰하게 볶아 낸 평범한 짬뽕만으로도 진가를 확인할 수 있다. 일부러 기름을 거둬낸 것이 아닐까 싶을 정도로 국물이 맑다. 옛 맛을 지키기 가장 어려운 음식 중의 하나가 짬뽕인데 어향원은 재료를 볶는 솜씨와 육수에서 그 실력이 판가름 나는 만큼 옛 맛과 옛 추억이 고스란히 살아있어 반갑다.

용장암소숯불

메뉴 소금구이 2만 원 ｜ 육회 2만 원
주소 경북 경주시 내남면 용장3길 26-9
전화 054-745-6009
영업시간 11:30~20:30 / 명절 휴무

울진이냐 영덕이냐를 두고 첨예하게 대립하는 겨울 대게 전쟁만큼이나 가을이면 벌어지는 송이 전쟁도 만만치 않다. 강원도 양양 송이를 으뜸으로 치는 사람이 있는가 하면, 경북 청송이나 봉화, 예천 송이만을 찾는다는 사람도 있다. 경주 사람들 역시 송이에 대한 자부심을 제법 갖고 있다. 외지에는 잘 알려져 있지 않지만 경주 남산에 송이가 제법 많이 나기 때문이다.

갓이 피지 않은 송이는 기둥 끝의 흙 묻은 부분을 칼로 저며 내고 엷은 소금물에 담가서 손으로 살살 밀어 껍질을 벗긴 다음 저며서 솔잎을 깐 석쇠에 슬쩍 구워 먹는다. 강한 맛을 내는 양념장은 오히려 방해가 되니 잣을 곱게 다져서 소금을 넣어 섞은 후 찍어 먹으면 송이 향을 제대로 음미할 수 있다. 생 송이를 그대로 손으로 죽죽 찢어서 기름장에 찍어 먹기도 한다. 지인 중에는 작은 송이 하나를 남겼다가 솔잎 넣고 따뜻한 물을 부어 차로 마신다는 사람도 있다. 1kg에 50만 원을 호가하는 상등품에는 쉽게 손을 뻗을 수 없을지언정 갓이 좀 피었다 하더라도 좀 헐한

가격에 맛볼 수 있다면 그것처럼 반가운 가을맞이도 없을 터. 갓이 완전히 핀 하급 송이라면 찢어서 라면에 넣어 먹어도 그만이다. 가을의 송이라면은 초여름에 먹는 전복라면과 겨울 초입의 문어라면에 결코 뒤지지 않는다. 오히려 개운하고 잔향 오래 남기로는 그 중 제일이다.

"송이를 짜개여 크거든 둘에 자르고 격지격지 꾀어 굽나니 이것도 각각 꾀어 구워야 송이가 타지를 아니하나니라." 1936년에 발간된 『조선무쌍신식요리제법(朝鮮無雙新式料理製法)』에 나오는 송이 먹는 법이다. 예전부터 송이는 소고기와 궁합이 맞아 함께 먹는 일이 많았다. 송이와 고기를 손가락 크기로 썰고 간장과 참기름이 들어간 양념장을 발라 꼬치에 번갈아가며 꿰어 구워먹었던 것이다. 양념을 해서 고기와 함께 구우면 양을 제법 늘려 먹을 수 있었을 것이고 손님상에 내놓기에도 좋았을 것이다. 그러나 양념한 것보다는 생고기를 그대로 구워먹는 것을 즐기는 요즘 입맛에는 송이 역시 자연 그대로 가미하지 않고 그대로 구워 먹는 편이 훨씬 좋다.

송이 향이 더해진 암소 소금구이

난데없는 지진으로 경주 시내 전체가 어수선했던 때, 경주 송이밭을 구경할 기회가 생겼다. 하필 진앙지인 내남면 부근이었다. 골 깊은 땅속 일이야 내 알 바 아니라는 듯, 송이는 제때 제대로 솟아올라 있었다. 비가 촐촐히 오는 가운데 경사가 제법 있는 산길을 올라 귀한 송이를 땄다. '용장암소숯불'에 가면 자연산 송이를 고기와 함께 구워먹을 수 있다는 얘기를 그때 들었다.

용장암소숯불은 한우농장을 직접 운영하는 제법 규모가 있는 고기집이다. 메뉴는 소금구이와 육회 단 두 가지. 그 흔한 양념갈비도 없다. 맛있는 암소 고기에 다른 양념은 필요치 않다는 자신감의 표현이다. 가을에는 특별히 송이를 곁들인 소금구이를 예약하는 사람들에 한해 내놓는다. 경주에서 자연산 송이를 고기와 구워먹을 수 있는 유일한 식당이다. 송이 가격은 당연히 시가. 고기, 송이, 소금의 단순한 조합을 제대로 누린 후에는 된장찌개와 공깃밥으로 마무리한다. 된장찌개는 1천 원이라는 가격이 믿기지 않을 정도로 충실한 맛을 낸다.

기름지지 않고 담백한 갈빗살과 치맛살

영양숯불갈비

메뉴 한우 갈빗살 양념구이(110g) 1만 8천 원 | 한우 갈빗살 소금구이(110g) 1만 8천 원
주소 경북 경주시 봉황로 79
전화 054-771-2627
영업시간 10:00~22:00 / 연중 무휴

1970년도에 개업한 영양숯불갈비의 상호에는 재미난 이야깃거리가 숨어 있다. 창업주인 황무준 씨가 처음 가게를 열 때는 일반적인 갈비집의 형태를 취했다고 한다. 그 당시 '영양'이라고 하면 '잘 먹고 잘 사는'이라는 뜻을 내포하고 있었다. 비싼 갈비는 그야말로 '영양'의 대명사. 좋은 보양식에 다름 아닌 음식을 낸다는 뜻을 담아 상호를 지었다는 것이다. 1인분에 2대를 내놓았는데 갈빗대의 크기가 제각각이라 양을 정확하게 맞춰 내는 것이 보통 힘든 것이 아니었다고 한다.

"아버지는 다른 집보다 손님에게 고기 양을 더 많이 주고 싶었고 작업시간을 줄이고 싶었답니다. 영업을 마치고 나면 어머니가 새벽 2~3시까지 갈빗대를 손질하는 작업을 하셨거든요. 그게 보기 싫어 아예 뼈를 발라내고 갈빗살만 내놓을 생각을 하신 거죠. 1984년도부터 고기 내는 방식을 바꿨는데 이게 대박이 난 거예요. 여기에서 전수받고 나간 종업원들이 차례로 같은 방식의 고깃집을 열었고 1990년도부터는 비슷한 식당들이 많이 생겨나기 시작했어요. 서울에서 같은 방식의 고깃집이

생긴 것은 한참 후의 일이라고 해요. 전국에서 첫 번 째로 갈빗살을 발라 내놓은 집이 아마 저희 가게일 겁니다.”

처음에는 제대로 발라낸 갈빗살인지 의심하는 사람들이 많아 기존의 갈빗대가 붙어있는 메뉴와 함께 팔았는데 직접 정형작업을 하는 것을 본 이후로는 갈빗살만 찾게 되어 메뉴로 정착하게 되었다고 한다. ‘영양숯불갈비’에 가면 배부르게 먹고도 돈이 적게 나온다는 입소문이 한 몫을 했던 것이다.

황무준 창업주는 원래 자전거를 타고 다니며 관광 기념품을 파는 장사를 했었다. 하지만 관광객이 몰리는 봄가을만 빼고는 수입이 영 신통치 않았다. 그래서 생각해낸 것이 원정 영업. 여름이 되면 분유를 따뜻한 물에 타서 통에 담아 기차에서 팔며 해운대로 가서 음료수와 아이스크림 장사를 하곤 했다. 즐비한 횟집 앞 평상에서 노숙을 하다시피 하며 돈을 모아 경주로 돌아와 죽집을 열었다. 관광서가 즐비한 지금의 가게 터에 자리를 잡고는 깨죽이며 잣죽, 땅콩죽, 단팥죽 등을 쑤어 우유, 주스

와 함께 배달을 한 것이 주효했다고. 그렇게 돈을 모아 열게 된 것이 '영양숯불갈비'이다. 지금은 아들인 황태욱 씨가 이어받아 같은 맛을 낸다.

한우 본연의 순한 맛을 내는 갈빗살과 치마살

대를 이어 번창하는 노포의 주인들을 여럿 만나며 알게 된 것이 하나 있다. 가게 터와 음식 맛 못지않게 창업주의 성실함이 그 자손에게 그대로 전달된 집이 대부분이라는 것.

"아버지가 가게를 운영하실 때는 카운터 옆에 '첫째도 신용, 둘째도 신용, 셋째도 신용. 신용이 생명입니다'라는 팻말을 걸어두셨어요. 제가 물려받은 이후로 원가 부담에 음식 값을 몇 번이나 올리고 싶었지만 아버지가 반대를 하셨죠. 소 값이 오를 때마다 고깃값을 올리면서도 정작 소 값이 내릴 때 고깃값 내리는 식당 보았느냐는 거예요. 예전에 많이 벌었으니 조금만 참으라는 말씀을 많이 하셨어요. 그렇게 몇 년을 기다리다가 도저히 안 되겠다 싶어 2016년에 한 번 가격을 올렸어요."

5~6년 전에는 수입고기를 몰래 가져다가 판다는 소문이 돈 적도 있단다. 새벽마다 수입고기를 냉동차에서 내리는 것을 보았다는 얘기까지 더해진 소문이었다. 황태욱 씨는 정공법을 택했다. 신문마다 광고 형식의 호소문을 실었던 것. 아버지의 명예가 걸린 문제이니 양보할 수가 없었다고 한다. 지금까지 해왔던 것처럼, 변함없이 신용을 지키겠다는 약속의 글이었다. 다행히 믿어주는 지인이 많아 소문은 해프닝으로 일단락되었다고.

메뉴는 단출하다. 갈빗살과 치맛살 두 가지인데 소금을 조금 뿌려 내오는 소금구이와 양념장을 뿌려 내오는 양념구이로 나뉜다. 갈빗살은 씹는 맛이 좋고 육향이 진한 반면 치맛살은 더 부드럽고 연한 것이 특징. 소금 외에는 어떤 양념도 하지 않은 소금구이는 앉은 자리에서 무한정 먹을 수 있다 싶을 만큼 입에 달다. 여기에 참기름 섞은 된장을 내는데 직접 담가 5~6년 이상 숙성시킨 장이다. 양념구이는 간장과 배즙, 감초, 파, 마늘, 후추 등을 넣은 양념장을 더하는데 미리 재워두지 않고 생고기 위에 묽은 양념장을 과하지 않게 뿌려내는 정도에서 마무리한 것이 특징. 이 역시 맛이 강하지 않아 비용만 아니라면 마냥 앉아 먹고 싶게 만든다.

갈빗살의 맛은 기름지지 않고 담백해 오히려 반갑다. 마블링이 과한 고기는 느끼해서 몇 점 못 먹고 물려버리는데다 속이 더부룩하기 십상이다. 첫 점의 맛이 아무리 좋더라도 계속 먹기 어려운 것이다. 한 접시에 1만 2천 원을 받는 육회는 그야말로 이문을 생각하지 않고 내는 서비스 메뉴. 고기는 경북 지역의 고기만 쓰는데 경주와 포항 등지에서 나는 것으로는 그 양을 다 채우지 못해 영주까지 범위를 넓혔다고 한다.

경주 할머니들의 손맛

해오름한정식

메뉴 연잎한정식 1만 2천 원 | 해오름정식 8천 원 | 비빔밥 5천 원 | 주먹밥 3천 원
주소 경북 경주시 원화로 258
전화 054-775-6080, 054-749-6185
영업시간 11:00~20:00 / 연중 무휴

경주역 바로 옆 대로변에 자리를 잡은 해오름 한정식은 할머니들이 운영하는 한식당이다. 모두 보건복지부에서 지정한 '경주시니어클럽' 회원들이다. 어르신들이 음식을 만들고 식당을 운영하며 거기에서 나온 수익금을 공평하게 나눈다. 수익을 많이 내기보다는 어르신들의 일자리 창출을 목표로 한 만큼 가격 대비 푸짐한 것이 장점. 국내산 농산물을 쓰고, 화학조미료를 넣지 않는다는 원칙을 지키는 것으로 유명하다.

대표메뉴는 연잎한정식. 직접 수확한 연잎으로 싸서 찐 연잎밥을 중심으로 숙주, 부추, 고사리들깨쩸 등이 차려지는 건강한 밥상이다. 따뜻하고, 다소곳하며 다정한 맛이다. 밥과 국을 비롯해 제철에 낼 수 있는 거의 모든 나물을 올리고 된장찌개와 생선조림, 부추를 깔고 쪄낸 훈제오리 등을 곁들인다.

명태껍질과 오이를 넣어 새콤하게 무친 무침이며 삼채뿌리 무침, 시래기와 꽁치를 지진 조림 등 쉽게 맛볼 수 없는 반찬이 그득하다. 그 옛날 5첩 반상 차림을 거의 재현해낸 밥상. 손주에게 차려내고 싶은 밥상

이라지만 부모님께 우선 맛보여드려야 할 것 같다.

한식의 정갈한 담음새를 좌우하는 요소 중 가장 큰 것은 역시 고명이다. 통깨를 올리거나 청홍고추를 얌전하게 썰어 올리는 것은 모양을 예쁘게 한다는 의미도 있지만 다른 이의 젓가락이 닿지 않았음을 나타내는 증표이기도 했다. 해오름식당의 음식이 그렇다. 거의 모든 음식에 얌전하게 썰어 올린 고명이 곁들여진다. 정성을 다했다는 표현이기도 하려니와 반찬을 재활용하지 않았음을 나타내는 자신감이라고도 볼 수 있어 고맙다. 국내산 볶음참깨와 참기름을 구입할 수 있도록 진열해놓았고 연잎밥은 따로 포장해갈 수 있도록 배려했다.

감산사와 기림사

경주에는 불국사와 분황사를 비롯해 이름 난 사찰이 많이 있지만 의외로 절밥을 공양 받기가 그리 쉽지는 않다. 부시장으로 근무하던 시절, 외동읍에 있는 감산사(甘山寺) 주지인 기현스님과 인연이 되어 점심 공양을 받은 적이 있다. 그때 너무 맛있게 먹은 기억이 있어 일부러 핑계를 대고 가끔 찾아가곤 했다. 감산사는 비구니 스님들만 계시는 곳이라 텃밭을 직접 가꿔 푸성귀를 거두고 양념거리를 마련한다고 한다. 아침 일찍 뒷산에서 채취했다는 산야초를 넣어 만든 된장밥과 동지 때 먹었던 팥죽 맛을 아직도 잊을 수가 없다. 어머니가 돌아가신 후에는 먹어볼 기회가 없었던 아욱 된장국을 먹었던 날도 기억에 남는다. 두부조림은 짜지 않으면서도 고소하고 맛이 깊었다. 살짝 데친 근대에 밥을 얹어 양념 간장을 찍어먹고 아삭한 맛이 살아 있는 씻은 묵은지에도 싸먹노라니 밥 한 그릇이 어쩌나 헤프게 없어지던지.

겨우내 먹을 부각을 만들거나 머윗대를 삶아 말리는 모습도 감산사에서 처음 보았다. 한창 죽순이 많이 나는 늦봄에는 들깻가루를 듬뿍 넣

어 볶은 죽순 나물을 실컷 먹었고 여름날에는 다시마식초로 맛을 낸 고추장으로 무친 비빔국수를 먹었다. 대독에 다시마를 착착 접어 넣고 식초를 부은 후 보름 가까이 숙성시킨 다음 다시마를 건져내면 감산사 초장 맛을 좌우하는 다시마식초가 만들어진다고 한다. 머릿속까지 맑게 해주는 솔잎 식초와 솔잎 발효액 같은 천연 조미료를 넣은 음식이니 그 효용은 말할 필요도 없을 것이다. 경주에서 찾았던 진정한 로컬 푸드는 바로 감산사의 사찰음식이었다. 같은 음식이라도 맛이 다른 이유는 역시 정성과 기다림이라는 평범한 진리를 알게 되었고, '이 음식이 어디서 왔는가?'로 시작되곤 했던 주지 스님의 덕담은 '무엇을 위해 우리가 살아야 하는지'를 함께 되돌아보게 하는 소중한 시간을 마련해주었다.

양북면에 있는 기림사(祇林寺)는 천 년 전 인도의 광유(光有)스님이 창건한 고찰로 당시에는 임정사(林井寺)로 불렸다. 원효스님이 선덕여왕 12년(643년)에 부처님께서 가장 오랫동안 머물렀던 '기림정사'의 의미를 따와 기림사로 개칭했다고 한다. 당시에 불국사가 기림사의 말사

였던 것으로 미루어 볼 때 신라의 대표적인 사찰로서 상당한 의미를 가지고 있는 곳이다.

신라 차의 역사가 담긴 오종 약수차

기림사는 동해(東海)의 해양 문화적 가치와 한국의 전통 차 문화의 역사적 성지로서의 의미를 가진 곳이기도 하다. 인도의 스님이 신라 고대 뱃길을 통해서 천 년 전에 쉽게 왕래할 수 있었다는 점, 탈해왕의 탄강지인 신라의 항구라고 추정되는 아진포항이 있다는 점, 신라 30대 통일대왕 문무왕의 유언에 따라 동해구(東海口)에 장사를 지냈다는 삼국사기 기록 등은 동해의 해양교류사적 의미를 여러모로 추정할 수 있게 하는 근거들이다. 경상북도에서 코리아실크로드 프로젝트를 총괄했던 나로서는 신라가 해양실크로드의 중심지로서 유럽과 지중해를 포함한 다양한

나라와 교류를 하면서 성장했던 증거를 바로 기림사를 통해서 알 수 있다는 점에서 남다른 의미로 다가와 자주 가곤 했다.

더 놀라운 것은 한국 최초의 차 문화가 시작된 곳이 바로 기림사라는 사실이었다. 그 증거로 꼽히는 헌다(獻茶)벽화가 지금도 약사전에 남아 있다. 헌다벽화는 말 그대로 부처님께 차를 바치는 모습을 그린 것으로 우리나라에서는 유일하게 기림사에서 볼 수 있다. 이 헌다벽화는 1654년 중창 당시 그려진 것으로 추정되고 있다. 오종수(伍種水)를 길어 부처님께 차를 달여 공양하는 급수봉다(汲水奉茶)와 오종수를 길어 오색화를 키우는 급수양화(汲水養花)의 수행법을 기록한 것이다. 주지인 운암스님께서는 이러한 기록들의 현대적 계승을 위해 차나무를 직접 키우면서 운유(雲遊)라는 차를 직접 만들고 계셨다. 천 년 전에 활동했던 해상왕 장보고 선단의 가장 귀한 해상 수입무역 물품 중 하나가 유황과 차라는 점은 잘 알려져 있는 사실이다. 귀했던 만큼 주로 사용되었던 곳은 왕실과 주요 사찰이었을 것이다. 지금도 중국인들에게 추앙받고 있는

지장보살의 화신인 신라 왕자 김교각 스님이 당나라로 갈 때 신라에서 가져간 것 중 하나가 차 종자였다. 이를 마케팅에 활용한 중국 안휘성 지주(池州)시 구화산의 금지차(金地茶)는 지금도 아주 비싼 값에 팔리고 있다. 금지차는 '김지장차'로도 불린다. 당시 신라 차의 위상이 어떠했는지 미루어 짐작할 수 있을 것이다. 경주에 우후죽순처럼 늘어나는 커피 전문점을 바라보면서 운암스님과 뜻을 같이하여 '신라차 발상지의 성지화'와 '김교각 신라차의 브랜드화'를 추진하고자 노력을 많이 했지만 아직 뚜렷한 결과는 없어 아쉬울 따름이다.

신라의 화랑과 원화들은 전국을 유람하며 심신을 수양할 때도 차를 즐겼다고 한다. 강원도 강릉시 공군 제18전투비행단 영내에 위치한 '한송정'은 국내에서 가장 오래된 차 문화 유적지로 조선 성종 때 지리서인 동국여지승람에 신라 화랑이 심신을 수양하며 차를 달여 마셨다는 기록이 남아 있다. 그래서 강릉시 민간단체 회원들이 매년 10월에 재현행사를 하고 있기도 하다. 우리 청소년들이 차 문화를 즐겼던 신라의 화랑과

원화들처럼 적어도 경주여행에서만큼은 신라차를 마시면서 천 년 전 젊은이들과 공감해볼 수 있도록 신라찻집들이 많이 생기면 좋을 것이다.

김남일(전 경주 부시장)

3

실속있게
한 그릇

금연구역
No Smoking Area
보호수

나그네는
국밥을 먹는다

국밥은 원래 국에 밥을 말아내는 음식이다. '장국밥', '국말이'라는 이름도 있다. 원래의 국밥은 부엌에서부터 국에 밥을 말아 나온다. 하지만 대구의 '따로국밥'처럼 국과 밥을 따로 주는 것이 요즘은 보편화되어 있다. 밥이나 국수 등에 더운 국물을 여러 번 부었다가 따라내어 덥히는 것을 '토렴'이라 하는데 토렴이 번거롭기도 하려니와 조리기구의 발달과 기호에 따라 밥 따로 국 따로를 원하는 사람도 많아졌기 때문이다.

장국밥은 소고기를 재료로 하는 경우가 많았지만 1970년대 이후 외식산업의 발전으로 수많은 국밥종류가 있다. 소고기국밥, 선지국밥, 돼지국밥, 순대국밥, 콩나물국밥, 쇠머리국밥 등을 비롯해 곰탕, 설렁탕, 육개장, 꼬리곰탕, 도가니탕, 갈비탕 등도 모두 국밥 종류다. 지역에 따라 그 특성도 달라지고 국밥의 주재료도 달라진다. 하지만 1990년대 이후 전국 어디를 가나 다 비슷비슷한 국밥이 자리를 잡고 저마다의 솜씨를 뽐낸다. 예전에 국밥은 여행객들의 주된 식사거리였다. 주막에 들러 막걸리 한 사발에 국밥 한 그릇이면 최고였던 그런 시절도 있었지만 현

대에는 음식들이 워낙 다양해졌다. 그렇다하더라도 한국인들의 국물 음식에 대한 사랑은 매우 각별하다. 국물과 함께 실속 있는 한 끼면 여행을 지속할 힘이 난다. 여행에서 식사는 여행의 중요한 요소지만 매끼 마다 성찬을 즐길 수는 없는 일. 시간이 부족할 때나 식사 시간을 놓쳤을 경우 가볍게 그러나 든든하게 한 끼를 해결하는 것도 매우 중요하다. 아무리 성찬이 아니라고 해도 이왕이면 다홍치마, 맛있는 집을 찾아 배를 든든하게 하고 야행을 한다면 금상첨화. 간단하게 즐길 수 있으면서 실속 있는 맛집을 소개한다.

대구해장국

팔우정 해장국거리에서만 43년

메뉴 해장국 6천 원 | 추어탕 6천 원 | 선지국 6천 원
주소 경북 경주시 태종로 810 - 1
전화 054-749-1577
영업시간 06:00~22:00 / 연중 무휴

6천 원짜리 국밥 속 콩나물이 꽤 얌전하다. 일일이 거두절미했기 때문이다. 할머니 고운 인상만큼이나 국밥이 참하다는 인사에 "콩나물 대가리 떼는 게 귀찮으면 돈 못 벌지. 그대로 두면 콩나물이 죄다 밑으로 가라앉아"라는 답이 따라온다. 43년째 같은 자리에서 국밥을 말아 온 주인 권오숙 할머니에게는 콩나물을 얌전하게 다듬는 일쯤은 숨 쉬는 것만큼이나 당연하고 자연스러운 일인 것이다.

1904년 개업한 서울의 '이문설렁탕'과 1910년 개업한 나주 '하얀집'을 필두로 한 한국의 노포가 대개 탕반을 중심으로 생겼다는 것은 잘 알려진 사실이다. 먹는 입장에서는 가격이 저렴하고 간편하게 한 끼 때우기 가장 좋은 음식이 국밥이었기 때문이다. 파는 입장에서도 마찬가지인 것이 식재료가 풍부하지 않던 시절, 도축장 근처 장터나 사람들이 많이 모이는 거리에 가마솥 걸고 끓여내기에 고기 부산물을 활용한 국밥만한 것이 드물었다. 그 중에서도 잡뼈를 고아 우린 국물에 된장을 풀고 우거지와 선지를 넣어 설설 끓여낸 해장국은 매상 걱정을 하지 않아도

좋을 효자 품목 역할을 톡톡히 했다.

　"팔우정국밥, 대구국밥, 두꺼비국밥, 로타리국밥, 경주국밥, 포항국밥, 할매국밥. 아마 이 순서로 국밥집이 생겼을 거야. 제일 늦게 생긴 할매국밥도 30년이 다 되어가니까. 내는 음식은 다 거기서 거기지". 대구해장국을 비롯해 10여 곳의 국밥집이 몰려 있는 '팔우정 해장국거리'는 오래 전, 경주 술꾼들의 무직한 속을 풀어주던 곳이었다. 물론, 먹을 것 많아진 지금에도 옛 단골들의 의리는 여전하다.

경주 관광특구 활황기를 함께 보낸 팔우정 해장국거리의 영화

한창 경주 경기가 좋았던 1970년대를 팔우정 해장국거리의 절정기로 꼽는다. 일본 관광객을 상대로 한 관광산업의 호황으로 돈이 흔했던 시절이었다. 교동에 일본인과 조총련계 한국 교민의 모국방문단이 몰려들면

관광버스 열 대 이상씩 서 있기는 기본이었던 시절, 관광특구에는 일자리도 넘쳐나고 돈도 넘쳐났다.

"자유당 시절에도 그랬지만 건너편 쪽샘 근방에 술집들이 많았어요. 그때는 제 돈 주고 술 먹는 사람 없었지. 관광특구 좋은 게 뭐냐면, 12시 통금이 없다는 거야. 대구에서 거나하게 취한 손님이 총알택시 타고 경주 쪽샘까지 와서 새벽까지 술을 마시다가 여기서 해장국 한그릇 먹고 다시 택시 잡아타고 돌아갈 정도였으니까. 그때는 술 취해서 갈짓자로 차를 몰아도 암말 안 하던 시절이었지요. 해장국 한 그릇에 7백 원을 받는데 하루 저녁에만도 7만 원 매상은 거뜬했지. 80년대까지만 해도 길 맞은편에 고속버스 터미널이 있어서 오고가는 손님들이 많았어요. 맘모스 나이트클럽 손님들도 상당했고."

팔우정 해장국거리의 메뉴는 단순하다. 해장국, 추어탕, 선지국 등 세 가지로 경주 도살장에서 소를 잡으면 그 부산물들을 가져와 국을 끓여 팔았다. 8년 전, 경주 도살장이 없어진 이후로는 영천서 재료를 들여온다고. 해장국에는 툭툭 끊기는 메밀묵이 들어간다. 신김치를 종종 썰어 곁들이고 마지막에 참기름 몇 방울 떨어뜨려 내면 그만. 멸치와 다시마, 새우, 황태를 넣어 우린 국물은 자극적이지 않은 정도가 아니라 허전할 정도로 슴슴한 맛. 짠 음시을 원래 좋아하지 않았다는 주인 할머니의 취향을 그대로 반영했다. 여기에 직접 담근 집간장에 고춧가루와 다진 파를 넣어 만든 양념간장을 쳐서 먹는다. 속을 많이 넣지 않고 담근 묵은 김치와 부추김치가 곁들여지는데 여름에는 멸치액젓을 넣어 담근 막 김치를 내놓기도 한다. 선지를 매번 삶을 수가 없어 한꺼번에 삶아 냉동고에 넣어두고 조금씩 꺼내서 끓인다는 선지국은 사실 좀 퍽퍽하다. 자연산 구하기가 쉽지 않아 추어탕 역시 안 하는 날이 더 많은 것도 사실. 수입산을 국산이라고 속이면 꼬치꼬치 캐물을 사람 없으련만 그 거짓말하기가 싫은 것이다.

해장국 한 그릇을 비운 30년 단골이 "주인 중에서는 이 집 할머니가 제일 예뻤지"라는 추억 한 자락을 남기고 가게 문을 나선다. 술꾼들도 많았지만 졸업식 날 자장면 대신 국밥을 먹으러 가족들이 오는 경우도 많았다고 한다. 그때 아버지 손을 잡고 식당을 찾았던 꼬마들은 50대가 되어 여전히 국밥을 청한다. "은퇴 안 하시냐"는 물음에 은퇴시켜주는 사람이 따로 있는 것도 아니니 몸 움직일 수 있을 때까지로 유예 기간을 정하기로 한다. 말린 모자반을 불려 바락바락 문질러 씻어 넣고 끓인 해장국을 먹어볼 날도 그리 많이 남지는 않은 셈이다.

콩국 한 그릇으로 60년

경주원조콩국

메뉴 따뜻한 콩국1(검은깨, 검은콩, 꿀, 찹쌀 도너츠) 5천 원
따뜻한 콩국2 (참기름, 들깨, 달걀 노른자, 흑설탕) 4천 원
따뜻한 콩국3(찹쌀 도너츠, 들깨, 달걀 노른자, 흑설탕) 4천 원
콩국수 6천 원 | 생콩 우거지탕 8천 원
주소 경북 경주시 첨성로 113
전화 054-743-9644
영업시간 09:00~20:00 / 월요일 휴무

좋은 콩은 예나 지금이나 귀한 식재료이다. 그래서 알뜰하게 쓸 수밖에 없다. 엉기기 시작한 두부를 판에 부어 굳히려면 건더기를 뺀 나머지 물을 버리게 마련인데 예전 어머니들은 그마저도 알뜰살뜰하게 썼다. 1948년에 발간된 『우리음식』에 보면 "두부 짠 비지는 따로 쓰고, 물은 숫물이라 하여 된장 마른 때 부으면 좋고, 명주 빨래할 때 쓰거나 머리를 헹굴 때 쓴다"는 구절이 있다.

양질의 단백질이 섞인 물이니 당연히 명주 빨래에 쓰거나 머리 헹구는 물로 쓰면 반질반질 윤내는 데 도움이 되었을 것이다. 지금도 그렇다. 다른 음식과 달리 콩국이나 모두부를 먹다 남기는 사람은 드물다. 국수를 남길지언정 콩국은 마지막 바닥까지 긁다시피 퍼서 먹고, 모두부 역시 서로 갈라 먹을망정 마지막 한 조각도 남기지 않으려 한다. 대릉원 근처에서 가장 많은 손님이 몰리는 식당 중 하나인 '경주원조콩국'은 바로 그 알뜰살뜰한 옛 어른들이 들었던 그대로의 콩국 맛을 볼 수 있는 곳이다.

"원래는 황오동, 그러니까 지금의 경주역 앞에서 시부모님이 콩국 장사를 하셨어요. 벌써 60년 가까이 된 이야기죠. 처음에는 두부를 만들어 파셨답니다. 그때만 해도 배고픈 사람들이 많았잖아요. 그러니까 냄비나 주전자를 들고 와서 콩국을 따로 사가고는 했대요. 콩을 삶아서 맷돌에 갈아 면포로 짜면 되직한 비지와 뽀얀 콩국으로 나뉘잖아요. 간수를 치기 전의 따끈한 콩국을 사갔던 겁니다. 이후에 성동시장에 합동두부공장이 들어서면서 우리 집은 두부를 만들지 않고 콩국만 팔게 된 거죠. 콩국을 그대로 먹을 때는 소금만 넣어서 간을 맞춰 먹고 설탕이나 달걀을 넣어서 먹는 사람도 있었어요. 누런 설탕을 작은 봉지에 담아 100원에 팔고 달걀도 따로 값을 매겨 받았죠. 그야말로 남녀노소 다 좋아하는 음식이었나 봐요. 세 평짜리 가게에 목로집처럼 긴 탁자 하나와 둥그런 나무 의자 몇 개 놓고 장사를 하셨다고 해요. 큰 솥을 뒤에 걸어놓고 끓여가며 팔았는데 그 골목의 하루를 콩국 가게가 열었던 거죠. 새벽 세 시부터 장사를 시작했으니까요."

달고, 고소하니 순한 콩국의 맛

새벽 한 시에 일어나 저녁부터 불려두었던 콩을 삶고 일일이 맷돌로 갈아 콩국을 끓이면 그때부터 손님이 몰려들었다. 택시 기사, 밤 장사 하는 사람들. 그때는 해장국 먹는 사람보다 콩국 먹는 사람이 더 많았다. 밤새 경주에서 일어났던 일을 가장 먼저 들을 수 있었던 곳. 매일 콩 서 말씩을 끓여 팔았다. 오후 한 시에서 두 시 사이면 벌써 문을 닫았단다. 그 장사, 참말 재미있었겠다.

"멀건 콩국만 먹는 사람도 있지만 설탕, 들깨가루, 참기름, 달걀노른자를 넣어 먹는 조합이 제일 인기가 있었어요. 달걀껍질을 톡 깨서 노른자만 살짝 띄워요. 흰자를 넣으면 알끈이 빙글빙글 돌아서 먹기가 나쁜데 그래도 달라는 사람이 있으면 줬어요. 그때도 운동하는 사람들 중에는 근육 키운다고 흰자만 한 그릇씩 퍼먹는 사람도 있었어요. 노른자 먼저 호로록 건져 먹는 사람, 노른자를 깨뜨려 저어 먹는 사람, 먹는 방법도 제각각이었지요. 어린 시절에 아버지 따라 와서 먹던 맛을 타지에 가서도 못 잊는 사람들이 자식들을 데리고 와요."

지금도 여전히 아침 손님을 위해 일찍 문을 연다. 비록 다섯 시 반으로 시간은 많이 늦춰졌지만 주인은 여전히 장사 시작 두 시간 전에는 일어나야 한단다. 가위로 짧게 자른 찹쌀 도너츠를 따끈한 콩국에 띄우고 달걀노른자, 들깨가루, 흑설탕, 참기름을 넣어 잘 저은 후 후루룩 마시듯 먹는다. 밀가루를 튀긴 '요우티아오(油条)'를 콩국에 띄워 먹는 중국인들의 아침식사를 닮았다. "찹쌀 도너츠는 제가 장사를 맡으면서 떠올린 아이디어예요. 찹쌀을 넣어 먹으면 근기가 있고 든든할 것 같은데 떡은 매일 하려면 힘들지만 도너츠는 편하게 만들 수 있겠더라고요. 찹쌀 반죽을 묽게 해서 길게 늘여서 튀긴 다음 썰어서 넣어주기 시작한 거죠."

대릉원 근처인 지금 자리로 옮긴 지는 14년 째. 목이 좋았던 그 옛날

자리보다는 못하다지만 여전히 단골 많고, 관광객에게 인기 좋은 식당으로 꼽힌다. 아침에 주로 팔리는 콩국의 인기도 여전하지만 최근에는 생콩우거지탕과 순두부가 효자 역할을 톡톡히 한다. 10월말부터 5월까지만 내놓는 생콩우거지탕은 충청도가 고향인 아내가 개발한 메뉴. 등뼈를 푹 고은 후 배추 우거지와 곱게 간 콩물을 넣어 끓인 겨울 음식이다. 여름에는 콩국수나 냉콩국에 말아내는 우무콩국의 인기가 높다. 생콩을 갈아서 밀가루와 달걀을 섞어 부쳐내는 생콩해물파전은 퍽퍽하지 않고 구수해 곁들여 먹을 만하다.

토종 미꾸라지로 끓이는 하루 150인분 한정 추어탕

경상도추어탕

메뉴 추어정식 1만 2천 원 │ 추어튀김 2만 원 │ 추어탕수 2만 5천 원
주소 경북 경주시 양정로 219
전화 054-748-0300
영업시간 오전 11:00~22:00 (Break time 15:00~17:00)

여름의 보신 음식이 삼계탕이라면 가을의 보양 음식은 역시 추어탕이
다. 추어탕이라고 해서 가을 추(秋)를 쓰는 음식으로 착각하기 쉽지만,
사실 추어(鰍魚)의 '추'는 미꾸라지를 뜻한다. 미꾸라지는 이추(泥鰌)라
는 별칭으로도 불리는데 이때의 '니(두음법칙 적용)'는 진흙을 뜻하는
말로 진흙 속에 사는 물고기가 바로 미꾸라지인 것이다. 맑은 물에서 사
는 고기라 해도 민물고기에서는 특유의 흙내가 나기 마련인데 진흙 속
에 묻혀 있다시피 하는 고기니 냄새가 없을 리 없다. 그래서 추어탕에는
반드시 비린내를 잡는 향신료를 써야 한다.

흔히 경상도 사람들은 산초가루를 넣어 먹고 전라도 사람들은 재피
혹은 초피가루를 넣어 먹는다고들 한다. 그러나 이는 잘못된 상식이다.
경기도 지방에서도 많이 재배하는 산초는 열매를 먹는 식재료로 덜 익
은 송아리로 장아찌를 담그기도 하고 잘 익은 열매로 기름을 내서 먹는
다. 그에 비해 재피는 뿌리에서부터 잎, 씨까지 모두 활용하는데 지리산
위로는 자생하지 않는다. 구례나 곡성 사람들이 재피잎을 넣어 담근 김

치를 즐기는 데 비해 다른 지역 사람들은 재피 김치를 아예 모르는 것은 그런 이유에서이다. 열매를 먹는 산초는 11월까지 충분히 익혀 수확하는데 비해 재피잎은 여름이 오기 전에 미리 따버리는 것도 다른 점이다. 결국 경상도 사람이나 전라도 사람이나 모두 재피가루를 추어탕에 뿌려 먹는 셈이다. 물론, 경상남도에서는 방아잎을 더러 넣어 먹기도 하지만 말이다.

통발로 잡은 자연산 미꾸라지로 추어탕을 끓여내는 경상도추어탕은 하루 150그릇만 파는 것으로 유명하다. 25kg들이 양은솥 하나 분량. 새벽 5시부터 작업을 시작해 9시에 국이 완성되면 우선 찬물에 중탕해 식히는 것이 관건이라고 한다. 국에 넣은 배추가 흐물흐물하게 풀어지는 것을 방지하기 위해서이다. 이렇게 식혀두고 손님이 오는 대로 뚝배기에 덜어 부르르 끓여 낸다. 중간 중간 미리 주문받은 물량을 따로 덜어내 택배발송을 하는데 그 개수만도 80~90개는 된다고 하니 정작 매장에서 팔리는 그릇 수는 얼마 되지 않는다.

자연산 미꾸라지와 얼갈이배추의 부드러운 궁합

"원래대로 하면 점심 장사만 하고 문을 닫는 게 맞습니다. 대개는 오후 2시가 되기 전에 국솥이 바닥이 나거든요. 미리 준비한 반찬이 많이 남았다거나 저녁 손님 예약이 있을 경우는 아버지와 상의해 한 번 더 국을 끓입니다. 가능하면 오후 5시 30분 이전에 완성되도록 시간을 맞춰요. 여의치 않으면 미련 없이 저녁장사를 접습니다."

'점장'이라는 명함을 두고 있지만, 실질적인 대표 역할을 맡고 있는 노도근 씨는 국내산 토종 미꾸라지만을 고집한다. 흙내가 적고 항생제 걱정이 없기 때문이다. 미꾸라지가 잡히는 지역 환경도 무시하지 못할 변수. 축사 근처 하천에서 잡은 것은 필요 이상으로 굵지만 항생제의 영향을 받지 않았다고 단언할 수 없기 때문이다.

"하천에서 자라는 미꾸라지는 자연산이라고 해도 어떤 환경에서 영양분을 섭취하고 살을 붙였는가가 중요합니다. 경주에서 잡히는 것은 냄새가 없어서 국을 끓이면 시원하고 개운한 맛을 내요. 그래서 재피 가루만 조금 넣어 먹는 거죠. 부산지역에서 잡은 것은 재피만으로는 비린내가 잡히지 않으니 방아잎을 넣는 겁니다. 예로부터 부산 사람들이 방아잎을 넣은 민물 매운탕이나 추어탕을 먹은 것도 그런 이유에서죠. 식재료 사이의 궁합도 중요한데 경북 지역에서는 미꾸라지가 많이 잡히는 초가을에 나는 연한 얼갈이배추를 데쳐 넣었어요. 단맛이 돌고 개운하거든요. 흔히 자연산 미꾸라지를 구하기 어려워 양식산을 쓴다고 알고 있지만 자연산 미꾸라지는 없어서 못 먹는 것이 아니라 사주는 사람이 없어서 안 잡는 거라고 보는 게 맞아요. 저희는 전국적으로 50명 정도와 거래를 합니다. 지금 당장 전화해도 500kg 정도는 너끈히 구할 수 있어요."

추어탕 맛을 내는 비결은 충분히 해감을 하는 것. 이틀에서 사흘 정도 깨끗한 지하수로 물갈이를 하며 배설을 유도하는 것이다. 물만 잘 갈

아주면 먹이 없이 6개월도 살 수 있다는 미꾸라지는 사실 보름 동안 물 갈이를 해도 냄새가 완벽하게 가시지는 않는다. 해감이 어느 정도 된 미꾸라지는 푹 삶아 채에 받쳐 뼈와 살코기를 곱게 거른 다음 배추를 넣어 끓인다. 간은 된장을 엷게 풀어 넣고 국간장으로 마무리. 고춧가루를 개서 만든 양념장을 좀 얹고 송송 다진 매운 고추를 넣어 먹는다. 쇠고기와 버섯, 곱창 등을 넣고 고추장을 풀어 매콤하게 끓인 서울식 추탕이나 들깨를 들들 갈아 넣어 걸쭉하게 끓인 전라도식 추어탕과는 확연하게 구별되는 맛이다. 맑은 추어탕 한 그릇만으로는 어딘가 아쉽게 느껴지는 손님들을 위해서는 갈치구이와 갖은 나물, 밑반찬을 곁들인 추어탕정식을 메뉴에 추가했다. 여러 사람이 식사를 한다면 바삭하게 튀긴 추어튀김이나 추어탕수를 곁들이는 것도 좋다.

데친 부추를 얹어 싸먹는 알사태 수육

밀양돼지국밥

메뉴 돼지국밥 · 섞어국밥 · 내장국밥 · 순대국밥 6천 5백 원 ┃ 수육 2만~3만 원
주소 경북 경주시 용담로 104번길 17
전화 054-771-3003
영업시간 09:00~22:00 / 연중 무휴

유명 관광지에 있지 않고 주택가에 조용히 자리 잡은 밀양돼지국밥은 경주 토박이들이 찾는 집이다. 비결은 유독 맑은 국물이다. 물론, 성의 없이 끓여낸 멀건 국물이 아니다. 좋은 재료를 쓰고 기름과 불순물을 정성들여 걸렀기에 얻어낸 결과물이다. 밀양돼지국밥에서 내는 음식은 푸짐한 양을 자랑하지는 않는다. 오히려 다른 집에 비해 조금 모자라다 싶을 정도로 양은 많지 않지만 잡냄새 없이 깔끔한 국물이 시원하다는 느낌을 준다. 언뜻 보면 맑은 사골 국물을 연상시키는데 기운 없는 사람은 국물만 들이마셔도 좋겠다는 생각이 든다. 맑은 닭 육수 맛과도 비슷한데 기름을 완전히 걷어 비린 맛과 누린 맛이 나지 않는다. 단점이라면 후춧가루 맛이 좀 강하다는 것.

상차림은 특별하지 않다. 부추무침과 깍두기, 겉절이를 기본으로 하고 쌈장에 찍어 먹을 매운 고추와 양파가 곁들여진다. 부추무침은 액젓을 과하게 넣지 않고 간만 조절할 수 있도록 무친다. 국물에 듬뿍 풀어 넣어도 좋고, 날 것 그대로 국에 만 밥 위에 얹어 먹어도 향긋하다. 입맛

을 돋우는 반찬은 따로 있는데 경상도식으로 무친 골곰짠지이다. 무말랭이에 고춧잎을 곁들여 짭짤하게 무쳐낸 게 제법 맛을 낸다.

여러 사람이 간다면 수육을 주문하면 좋겠다. 부추를 살짝 데쳐서 곁들이고 통깨를 뿌려 멋을 냈다. 알맞게 삶아 쫄깃한 맛이 남아 있는 알사태수육은 말 그대로 아롱사태를 삶은 것. 원래 아롱사태는 소고기 뒷다리의 사태라는 부위 중에서도 뭉치사태 안쪽에 있는 힘줄 많은 부위를 가리킨다. 동그랗게 떠내듯이 정형한 부위로 씹는 맛이 좋고 국물이 담백하게 우러나 곰국이나 편육 재료로 많이 쓴다. 장조림에도 많이 쓰지만 결대로 찢어지는 양지머리와는 달리 중간에 박힌 힘줄 때문에 썰어서 먹어야 한다. 어쨌든 단맛이 강하고 쫀득쫀득 씹는 맛이 뛰어나 고급 부위로 통한다. 돼지고기에는 아롱사태라는 말을 흔하게 쓰지 않지만 역시 운동량이 많아 쫄깃쫄깃한 돼지 뒷다리에서 얻을 수 있는 부위라 삶아 놓으면 단맛이 돌고 씹는 맛이 좋다. 다양한 부위를 맛보고 싶다면 섞어수육도 좋다. 아롱사태와 머릿고기를 고루 반씩 섞어내기 때문

이다. 두 가지 수육 모두 접시 한쪽에 푸른색이 잘 살도록 살짝 데친 부
추를 듬뿍 놓아 입맛을 돋운다.

진한 국물 맛의 몸보신 음식

부둑골식당

메뉴 한우도가니탕 1만 7천원
주소 경북 경주시 용강상리 1길 10-1
전화 054-773-0038
영업시간 08:30~22:00 / 매월 둘째, 넷째, 다섯째주 월요일 휴무

우리 민족은 유난히 국물에 밥이나 국수를 말아먹는 것을 좋아한다. 소고기를 이용한 국물 음식, 즉 국밥 종류 중에 대표적인 것이 육개장이나 곰탕이나 설렁탕이다. 2017년 간행된 『한식문화사전』(한국지역인문자원연구소)을 보면 설렁탕은 '쇠머리, 사골, 도가니를 비롯하여 뼈, 사태, 양지머리, 내장 등을 재료로 하여 10시간이 넘도록 푹 끓인 음식'이라 정의하고 있다. 요즘이야 설렁탕, 곰탕, 소머리국밥, 우족탕, 꼬리곰탕, 설렁탕, 도가니탕 등으로 각 부위별로 세분한 전문음식점이 있지만 과거에는 이런 재료들을 모두 가미한 음식을 설렁탕이라 했던 것이다.

도가니탕이 상업적 음식점의 메뉴로 처음 등장한 것은 1940년대로 보이며, 1970년대 이후 전국적으로 퍼져 나갔다. 도가니는 소의 무릎 연골 부위를 말하는데 소 한 마리에 약 1kg이 나온다고 하니, 귀한 음식이다. 이 때문에 1990년대에는 가끔 수입한 공업용 소 힘줄이 도가니로 둔갑하여 사회문제가 되기도 했다. 도가니는 칼로리가 낮으면서도 단백질과 칼슘이 풍부해 보양음식으로 알려져 있고, 콜라겐을 많이 함유해 피

부 노화를 막고 관절 건강에도 좋다고 한다.

경주에서 도가니탕을 전문으로 하는 부둑골 식당 입구에 들어서자 대형 가마솥 두 개에서 뭔가가 끓고 있다. 사골, 도가니뼈를 비롯한 여러 가지 뼈가 삶아지고 있는 것이다. 이 집은 한우만을 고집하여 첨가물이나 방부제를 일체 사용하지 않고 오랜 시간 끓여낸다. 얼마나 끓이느냐고 물었더니, 그냥 하루 종일 끓인단다. 새벽부터 일어나 솥을 닦고 국물을 고아낼 준비를 해야 하니 몸은 고달파도, 그 노고를 잊게 하는 것은 손님들의 칭찬이란다.

도가니탕의 맛의 비결은 크게 두 가지다. 잡내를 어떻게 제거하느냐와 얼마만큼 좋은 재료로 오래 진하게 끓여내느냐 하는 것. 부둑골 식당의 도가니탕은 그 점에서 합격이다. 핏물을 잘 제거하고 한방재료를 첨가하여 잡내가 거의 나지 않는다. 또 국물 역시 매우 진하다. 국물 한 순가락을 뜨면 '아, 건강해지겠구나' 하는 탄성이 날만큼 구수하고 진한 맛이 느껴진다. 하나 들어 있는 전복은 애교다. 뼈에 붙은 도가니를 가위로

잘라 먹는 것이 정석이나 그냥 먹어도 될 만큼 도가니 부위는 연하다. 식감도 좋다. 장아찌와 무짠지 등의 밑반찬도 정갈하다. 직접 재배한 유기농 채소와 직접 담아 숙성시킨 장아찌와 김치를 사용한다고 한다. 부득골식당의 역사는 6년밖에 되지 않았지만 정성을 들여 음식을 만든다는 말이다. 도가니탕 한 그릇이면 발품 팔아 가야 하는 경주 여행에 배가 두둑해진다. 도가니수육, 도가니전골, 해물전복찜, 꼬리곰탕, 우거지탕 같은 다른 메뉴도 보이고, 예약을 하면 닭백숙도 가능하다.

48시간 고아서 내는 시골 진국

장시돼지국밥

메뉴 돼지국밥·내장국밥·순대국밥 6천 원 │ 굴전·부추전 6천 원 │ 수육백반 1만 원
주소 경북 경주시 건천읍 내서로 894
전화 054-751-6550
영업시간 09:00~21:00 / 연중 무휴

건천 맛집으로 통하는 장시돼지국밥은 국내산 돼지 사골을 48시간 동안 푹 고아서 낸 진국에 찰순대를 썰어 내는 돼지국밥과 순대국밥으로 유명하다. 인삼과 생강을 넉넉하게 넣어서 끓이는 사골 국물은 온도 조절을 해가며 뼈가 으스러지도록 푹 고아 만든다. 국밥을 먹다가 국물이 모자라면 언제든 다시 청해 먹을 수 있다. 찰랑찰랑한 순대는 식어도 유난히 쫀득거리고 비린 맛이 없다. 불고기순대와 찰순대, 김치순대를 동시에 맛볼 수 있는 모둠 순대도 인기 메뉴.

국밥 상차림에는 부추무침과 김치, 깍두기, 매운 고추와 마늘이 오른다. 작게 타래지은 소면도 풀어 먹을 수 있도록 접시에 담아낸다. 고추는 가게 뒤에 있는 텃밭에서 직접 재배한 것. 다른 건 몰라도 맵싸한 청양고추만큼은 300포기 정도 심어 넉넉하게 거둬 쓴다고 한다. 직접 담가 쓰는 된장은 견과류를 갈아 넣어 염도를 낮췄다는데 단골들은 들깻가루와 함께 국에 풀어 넣어 먹는 걸 즐긴다고. 겨울에 내는 굴전과 여름 부추전도 가격 부담 없이 곁들이기 좋다. 주인 김향순 씨는 파전

과 굴전 반죽에 치자 우린 물을 쓴다고 한다.

"파전이나 굴전 반죽에는 꼭 치자 우린 물을 씁니다. 어릴 적, 할머니는 치자물을 넣어 반죽하면 밀가루 음식을 먹어도 잘 체하지 않는다고 하시며 전을 붙일 때 꼭 치자물을 쓰셨어요. 보리차를 끓일 때도 치자 한 알이나 두 알 정도 넣으면 좋아요. 치자가 따뜻한 성질을 가지고 있어서 밀가루나 보리의 냉한 기운을 눌러주거든요."

정직한 맛을 내는 콩나물밥과 파전

양지식당

메뉴 콩난물밥 7천 원 │ 파전 1만 원 │ 손칼국수 7천 원 │ 동동주 7천 원
주소 경북 경주시 교촌길 30
전화 054-742-9289
영업시간 10:00~19:00 / 매월 1일, 15일 휴무

큰 기대를 하고 찾는다면 좀 실망할 수도 있겠다. 화려한 메뉴 구성으로 눈길을 끄는 식당과는 거리가 멀기 때문이다. 콩나물밥과 파전이 전부다. 여기에 동동주를 곁들이는 손님이 대부분. 콩나물밥은 한 끼 가볍게 먹기 좋은 메뉴이다. 한 번 볶아낸 콩나물을 밥과 함께 다시 한 번 볶아 내는데 아삭아삭한 식감을 잘 살려내는 것이 노하우.

특별할 것도 없는 이 밥 한 그릇을 먹기 위해 많은 사람들이 몰리는 데는 양념장이 한몫을 한다. 양념장이라기보다는 다데기로 불리는 것이 적당할 것 같다. 간장에 굵게 빻은 고춧가루를 섞고 다진 마늘과 조청 등을 넣어 만든다. 표고와 파, 건새우 등을 넣어 우린 육수를 섞어 짠맛을 줄이고 감칠맛을 살렸다. 곱게 다진 미나리는 향기를 살리는 신의 한수. 배와 무를 고아 얻은 물에 엿기름을 넣고 삭혀 오랜 시간 졸인 조청으로 은은한 단맛을 낸다.

밥을 다 먹고 나면 그릇에 남는 고춧가루가 좀 거슬리지만 곱게 갈아서 쓰면 자칫 쌈장처럼 될 수 있으니 굵게 빻는다는 설명을 듣고 나

면 고개가 끄덕여진다. 간장 맛이 강한 일반적인 양념장과 달리 매콤한 맛을 살리면서 텁텁한 맛을 내지 않으려면 이렇게 고춧가루를 적당하게 빻아 쓰는 것이 최선의 방법이 되었을 것이다.

파전 역시 모양보다는 바삭바삭 살리는 맛을 중점으로 두었다. 파를 듬뿍 올리고 달걀물을 올려 두껍게 지지는 동래파전 스타일이 아닌, 비오는 날 집에서 흔히 부쳐 먹는 맛이다. 두께도 적당해서 바깥쪽과 안쪽 모두 바삭바삭한 맛이 살아 있다.

매운 갈비찜과 국물 진한 갈비탕

대구갈비

메뉴 소갈비찜 1만 6천 원 ｜ 돼지갈비찜 8천 원 ｜ 갈비탕 7천 원
주소 경북 경주시 북정로 5
전화 054-772-1384(본점) / 054-743-0036(동천점)
영업시간 24시 영업 / 명절 연휴 휴무

경상도 음식은 맵고 짜다는 인식이 지배적인데 경주음식은 그 범주에서 좀 벗어나 있다. 간이 세지 않고 맛이 순한 음식이 많다. 많은 식당을 다녀봤지만 고춧가루 많이 쓰는 음식을 내는 집이 흔치 않았다. 대구갈비는 예외다. 황오동 대구갈비는 경주에서는 보기 드물게 매운 갈비찜을 맛볼 수 있는 집이다. 상호에서 알 수 있듯, 대구식 갈비찜이다.

원래대로 하려면 갈비찜이 아닌 찜갈비를 내놓는다고 봐야 맞을 것이다. 전국 모든 사람들이 갈비찜이라고 부르는 음식을 대구 동인동 골목의 식당들만 유독 찜갈비라고 부르기 때문이다. 들어가는 양념이 전통 방식의 갈비찜과 너무 달라 일부러 그렇게 이름을 붙였을 가능성도 있다. 잘 알려져 있다시피 대구 동인동의 찜갈비는 고춧가루와 마늘, 생강을 듬뿍 넣어 맵고 화끈한 맛을 내는 것이 조리 포인트이다. 이걸 상추와 깻잎에 싸먹거나 시원한 백김치에 싸먹는다. 동인동 찜갈비는 1970년대 초에 실비집에서 안주 겸 반찬으로 내기 시작했다는 것이 정설로 알려져 있다.

대구갈비는 동인동식 갈비찜을 낸다. 한 가지 다른 점은 동인동의 찜 갈비가 소갈비를 주재료로 사용한다면 대구갈비의 그것은 돼지갈비와 소갈비 모두 낸다는 것. 감자조림이나 오이무침, 콩자반 등의 밑반찬을 좀 더 내와 상이 풍성한 것도 다른 점이다. 인기는 돼지갈비찜이 더 많다고 한다. 맛의 강도도 동인동 식에 비해 좀 순화되었다. 물론 찌그러진 양은 냄비에 담겨 나오는 모습은 대구의 그것과 다를 바 없다.

"소 갈비찜에 들어가는 갈비는 잘 저며서 편 다음 한 입 크기로 썰어서 준비합니다. 매우니까 사람들이 손에 묻혀가며 뜯어먹는 걸 좋아하지 않아요. 먼저 간장양념장을 부어 1차 숙성을 시킵니다. 간장, 물엿, 후추로 기본 간을 잡는데 이때도 간 마늘을 좀 많이 넣어요. 재워두었던 갈비를 꺼내 고춧가루와 마늘을 듬뿍 넣어 2차 양념을 한 다음 냄비에 담아 익힙니다. 국물이 자작자작해서 밥 비벼먹기 딱 좋게 되면 손님상에 내가는 거죠".

쿵쿵 찧어 넣은 육쪽 마늘의 알싸한 맛

아버지로부터 물려받아 2대째 운영 중인 주인 진정연 씨는 고춧가루와 마늘을 어떻게 쓰느냐에 따라 맛이 달라진다고 얘기한다. 우선 고추장 거리보다는 좀 굵고 반찬용보다는 곱게 빻는 고춧가루가 큰 역할을 한다. 양념이 겉돌지 않고 고기에 쏙쏙 배려면 고춧가루 입자가 너무 굵어도 안 되고 반대로 너무 고와도 안 되기 때문이다.

육쪽마늘 역시 굵게 찧는 정도로만 다져 쓴다. 빨갛게 잘 조려진 고기 사이로 잣이 많이 보인다 싶었더니 그게 다 마늘이란다. 기실 특유의 매운 맛은 고춧가루보다 이 마늘의 톡 쏘는 맛이 더 좌우한다. 그래서 혀를 얼얼하게 하거나 매운 맛이 끝까지 남지 않고 깔끔하다. "육쪽마늘 두 통 정도는 먹는다고 봐야죠?"

돼지갈비찜은 간장 양념장에 재고 소 잡뼈를 푹 고아 우려낸 육수를 부어 숙성시킨다. 그래야 감칠맛이 더 좋아지기 때문이다. 역시 고춧가루와 다진 마늘을 듬뿍 넣고 덩어리째 익히다가 고기가 어느 정도 익으면 자른다. 소고기와 달리 돼지고기는 근섬유 자체가 가늘고 부드러워 익는 동안 부서지기 쉽기 때문이다. 육즙이 빠져나가는 것을 방지하는 효과도 있다. 고기를 모두 먹은 후에는 밥을 넣어 볶는데 김치나 미나리 등의 재료는 넣지 않고 구운 김만 넣어 깔끔하게 마무리한다.

대구갈비가 처음부터 찜을 내놓은 것은 아니다. 아버지 진영기 씨가 운영을 시작할 때만 해도 연탄불에 고기를 구워 팔았는데 고기 연기가 골목 전체로 퍼져나갈 정도로 심했다고 한다. 당연히 젊은 사람들이 옷에 배는 냄새 때문에 꺼리게 되었고 IMF를 겪으면서 매출이 형편없이 떨어지자 한창 젊은이들에게 인기를 모으고 있던 대구식 찜갈비를 팔 생각을 했다는 것이다.

"매운 갈비찜은 젊은 사람들이 먹는 음식이에요. 그러니 그 취향을 존중해줘야지요. 경주에서는 드물게 1인분도 마다하지 않고 판매하는

것도 그런 이유에서입니다. 요즘은 홍콩이나 대만, 중국 관광객들이 1인 분도 판매한다는 정보를 듣고 많이들 찾아와요. 다시 올 수 없으니 돼지 갈비찜과 소갈비찜을 골고루 주문해서 먹고 가곤 합니다.”

맵고 칼칼한 갈비찜을 한창 먹다 보면 속을 달래줄 국물음식이 아쉬운 법인데 갈비탕이 그 역할을 한다. 다만 판매할 수 있는 양이 한정되어 있다는 것이 아쉬운 점. 갈비와 물의 비율을 미리 맞춰서 끓이기 때문에 국물을 더 청할 수는 없다. 물을 많이 잡지 않고 끓여 바특하게 내오기 때문이다. 고기의 양이 푸짐하고 국물이 진한 데 비해 가격이 워낙 싸 단골들이 많이 찾는다.

하나미

메뉴 로스까스 7천 원 ┃ 안심까스 7천 5백 원 ┃ 초밥정식 1만 2천 원 ┃ 돈까스덮밥 8천 원
김치치즈돈까스 나베 1만 2천 원
주소 경북 경주시 봉황로 32
전화 054-774-8238
영업시간 11:30~21:30 / 연중 무휴

경주에는 초밥 전문점이 거의 없다. 감포에서 나는 횟감이 좋다 보니 생선회는 쉽게 접할 수 있지만 초밥을 맛보기는 쉽지 않은데 하나미가 있어 경주 시민은 물론, 관광객들이 즐겨 찾는다. 하나미의 초밥이 특별한 이유는 작은 규모의 식당으로는 보기 드물게 냉동 생선을 쓰지 않는다는 것. 주문이 들어오면 그때부터 생선을 썰어 바로바로 쥐어 내놓는다. 초밥의 새콤달콤한 맛을 책임지는 배합초를 직접 만들어 쓰고 인스턴트 대신 생 고추냉이를 사용해 완성도를 높였다.

"인스턴트 고추냉이 맛에 익숙해 있던 손님들이 처음에는 적응을 하지 못하더라고요. 톡 쏘는 생 고추냉이의 코끝 찡한 맛에 당황했던 거죠. 독해서 먹지도 못하는 걸 내놓는다고 어찌나 화를 내던지. 이제는 이 맛에 찾는다는 단골들도 제법 늘었어요. 광어, 새우, 연어 등 모든 생선은 냉동을 쓰지 않고 생물을 사용합니다. 한우 안심과 문어도 초밥 재료로 쓰지요. 문어는 생물을 사다가 직접 삶아서 쓰는데 냉동 문어인 줄 알고 남기고 가는 손님이 꽤 있어요. 너무 아깝죠. 정말 비싼 재료거

든요. 한우 안심 초밥은 원가 비중이 아주 높아요. 저 같으면 무조건 이 걸 주문하죠."

같은 일을 손쉽게 해내는 사람과 돌아가는 길을 택하는 사람이 있다. 주인 김영석 씨는 후자에 속한다. 고집이 세다고도 볼 수 있는데 맞는 길이다 싶으면 남들의 시선에 개의치 않는다고 한다. 돈까스 만드는 과정만 봐도 그렇다. 돈까스는 대개 돼지고기 등심이나 안심을 사용한다. 등심의 경우, 거의 모든 식당에서 덩어리 고기를 방망이로 두드려 펴서 만드는 방법을 선호한다. 그래야 고기가 연해지고 육즙이 모여 맛있다는 이유에서이다. 그러나 그는 절대로 고기를 두드려 펴지 않는다. 하루에 20~30개 정도만 만들어 판다면 가능할지도 모르지만 그 이상이라면 고기망치를 두드리는 것은 비효율적이라는 것이다. 망치로 두드리면 육즙이 가운데로 모이기는커녕 오히려 근육이 모두 끊어져 퍽퍽하고 씹는 맛이 없다고. 그보다는 연육기로 한 번에 펀칭을 하는 편이 낫다고 믿는다.

힘줄과 지방 하나까지 손으로 걷어내는 부지런함

"처음 돈까스 전문점을 열기로 맘을 먹고는 무작정 하루에 열 군데 이상 돈까스 전문점을 돌며 맛을 봤어요. 집에 와서는 같은 맛을 내기 위해 무조건 연습을 거듭했고요. 음식을 배워본 적이 없어서 칼질부터 무식하게 배웠어요. 어쩌다 주방에 들어가 볼 기회가 있었는데 모두들 고기를 망치로 두들기고 있는 거예요. 아무리 봐도 이해가 되지 않더라고요. 비닐을 깔고 고기를 마냥 두드리는데 저러다 사람이 죽지 싶더군요. 두드리는 고기가 특별히 맛있다고 느껴지지도 않았고요. 지금도 다른 돈까스 집 주인들은 제 방법을 인정하지 않는 사람이 많아요. 그래도 맛을 보면 제가 만든 것이 훨씬 촉촉해요. 그럼 된 거죠."

지방이 적당히 섞여 있어야 부드럽다는 얘기도 있지만 그는 힘줄과 지방을 모두 제거한다. 도축 후 바로 진공포장해서 들여오는 고기를 3~4일 정도 숙성시킨 후 지방을 모두 떼고 연육기 작업을 거치면 다음날 사용한다. 빵가루 역시 직접 만들어서 사용한다. 오래 두어도 색이 변하지 않는 시판제품을 사용하는 것이 마음에 들지 않아서이다. 튀기는 방법 역시 독특하다. "돈까스도 앞면이 있고 뒷면이 있어요. 기름에 넣은 후 15초가 지나면 세워서 튀기죠. 이렇게 하면 양면이 골고루 튀겨져요. 접시에 낼 때는 보슬보슬하게 튀겨진 부분을 위로 담아서 내요. 이 기본만 지키면 훨씬 맛있게 보이는데 이런 기본조차 지키지 않는 집이 많더라고요."

우동 국물도 직접 만든다. 아침에 출근하면 그날 사용할 육수를 내는 것으로 하루를 시작하는 것. 가쓰오부시와 간장, 설탕 정도만 사용해서 깔끔한 맛을 살린다. 잔 맛이 없도록 수돗물 대신 정수한 물을 사용한다. 이렇게 만든 국물을 남기고 가는 손님이 있으면 아깝고 속상하다고. 하나미 음식이 익숙한 단골들은 민찌까스를 의외의 별미로 꼽는다. 김치를 섞기도 하고 견과류나 청양고추를 넣어 매콤하게 만드는 등

종류도 다양하다. 그 역시 일일이 손으로 다져서 만드는 민찌까스를 좀 더 대중화시켜 작은 규모의 푸드 트럭이나 테이크아웃 전문점 메뉴로 만들어보고 싶다는 생각을 한다.

　여행의 묘미 중 하나가 독특한 음식을 맛보는 것이지만 때로는 입에 맞고 익숙한 음식을 먹고 싶다는 생각을 하게 마련이다. 경주여행 중 육즙 잘 가둔 돈까스와 선도 좋은 초밥이 생각난다면 시내에 있는 하나미를 찾아도 좋을 것 같다. 꽤 많은 종류의 메뉴 중 어떤 것을 주문해도 기대 이상이라 반갑다.

미나리 절임 얹어 먹는 생면콩국수

홍두깨국시

메뉴 칼국수 5천 원 | 수제비 5천 원 | 생면콩국수 7천 원 | 얼큰해물칼국수 5천 원
주소 경북 경주시 노서동 130-1번지
전화 054-773-6698
영업시간 10:30~20:00 / 동절기 매월 1일, 15일 휴무(휴일에는 영업)

변화나 변형이 애초에 불가능한 음식이 있다. 콩국수가 그렇다. 전국 어디 가나 콩국수는 콩국수다. 삶은 콩에 물을 부어 갈아 콩물 만들고 국수를 말아내면 끝. 굳이 따진다면 설탕과 소금의 사용 유무 정도로나 구분할까? 전국 대부분의 지역에서는 콩국수에 소금을 넣어 먹는다. 전라도 지역은 예외다. 설탕을 넣어 달달한 맛으로 먹는 사람도 많다. 2009년 무렵, 전국 소금밭 취재를 집중적으로 다닌 적이 있다. 그 해 여름에는 목포 연안여객 터미널을 베이스캠프 삼아 여객선에 차를 싣고 징검다리 건너다니듯 이 섬, 저 섬 많이도 돌아다녔다. 그 중 신안군 신의도에서 만난 콩국수집이 생각난다.

배에서 내리니 마침 식사 때를 넘겼다. 근처에 유명한 콩국수집이 있다기에 찾아갔더니 휴가철이라 그런지 동네 주민과 여행객으로 가게가 꽉 차 있었다. 어렵사리 자리 하나 얻어 앉고 보니 우선 눈에 띄는 것이 탁자 위에 놓인 커다란 통 하나. 그것이 플라스틱 통이었는지, 아니면 작은 단지였는지는 가물가물하다. 잊히지 않는 것은 통마다 꽂혀

있던 국자다. 무려! 설탕용 국자였다. 섬사람들, 콩국수 한 그릇에 설탕을 들이 붓고 휘휘 저어 우선 한 입 들이마시려면 숟가락으론 감질나서 안 되었던 것이다. 전라도 섬사람들의 설탕사랑은 서울내기인 나도 이미 알고 있었다. 어린 시절, 가족들 모두 멸치국물에 말아낸 국수를 먹을 때 전라남도 완도 출신인 외숙모 혼자 맹물에 설탕 듬뿍 녹여 소면 말아먹던 것을 보았던 기억이 하도 뚜렷하게 남아 있었기 때문이다. 사전 지식이 있었음에도 불구하고 탁자 위 국자는 참으로 놀라웠다.

경상남도 산청 어디쯤에서 만난 어느 여름날의 콩국수 역시 잊히지 않는다. 일행은 열 명 이상이었다. 때를 놓쳐 면사무소 근처 식당에서 늦은 점심으로 콩국수 배달을 시켰던 터였다. 느지막이 나타난 주인이 국수 그릇을 감싼 랩을 벗기더니 노란색 주전자에 담아 온 콩국을 차례로 부어주었다. 얼음까지 두어 조각씩 둥실둥실 띄어주는데 보기만 해도 갈증이 싹 사라지는 듯했다. 콩국 한 모금을 들이마시기 전까지만 해도 말이다. 어라. 이 익숙한 맛의 정체는? 다들 고개를 들어 서로를 쳐다볼 뿐, 더위 먹어 뇌 회로가 잠시 정지되었던지, 도무지 무슨 맛이라고 딱 떨어지는 답을 내놓는 사람이 없었다. 허기에 눌려 두어 젓가락 허겁지겁 넘기는데 불현듯, 그야말로 뇌리를 스치는 것이 있었으니 바로 S두유! 너무도 익숙한 그 맛을 깨닫는 순간, 당연한 수순으로 식당 주인에게 불만을 제기했지만 다 소용없는 일이었다. 상대는 하필 군내에서 소문난 욕쟁이 할머니였으므로. 지금도 몹시 궁금한 가정 둘. "욕쟁이 할머니는 원래 시판 두유를 콩국에 섞어 쓴다' 와 '그날따라 장사가 잘되어 콩국이 부족한데 놓치고 싶지 않은 대량주문이 들어왔다. 급한 대로 동네 가게에서 두유를 사다 섞고 휘휘 저어 주전자에 부었다." 할머니의 말 못할 사정은 과연 무엇이었을는지.

세상 어디에도 없는 콩국수와 미나리 절임의 조화

홍두깨국시의 콩국수도 우리가 익히 알고 있는 콩국수의 전형에서는 조금 벗어나 있다. 가장 독특한 것은 곁들임으로 내오는 미나리절임이다. 무침이 아니고 절임이라 부를 수밖에 없는 건, 간이 워낙 세기 때문이다. 무심코 맨입에 넣었다간 깜짝 놀라 뱉어낼 정도로 짜다. 소금 대신 이 미나리 절임을 넣는 것이 홍두깨 국시만의 콩국수 먹는 법이다. 살짝 데친 미나리를 종종 썰어 소금을 듬뿍 뿌리고 통깨만 넣어서 무친 미나리절임을 콩국에 넣으면 소금으로만 간을 할 때와 달리 콩물 냄새가 나지 않는다고. 여기에 매운 고추장아찌와 김치를 곁들여 먹는다. 이 집 콩국수만의 또 다른 특징은 일일이 손으로 밀어 즉석에서 만든 생면을 사용한다는 것과 아무리 손님이 많아도 한 번에 두 그릇 분량의 콩만 믹서에 갈아 부어준다는 것.

"콩국수에 얼음을 넣어주는 집은 거의 대부분 콩국수용 분말을 풀어주는 집이라고 보면 됩니다. 직접 갈아주는 콩물은 너무 차가우면 소

화가 되지 않아요. 콩국을 갈아서 만드는 집이라고 하더라도 그때그때 갈아주기가 힘들어요. 다들 갈아놓고 퍼주지요. 콩을 불렸다가 삶아도 고소한 맛이 떨어져요. 마른 콩을 삶아서 일일이 껍질을 손으로 문질러 벗겨내고 써야 하는데 보통 힘든 일이 아니죠."

노련한 고수일수록 된 반죽보다는 진 반죽을 고수하는 법이다. 그래야 국수가 쫄깃쫄깃한 맛을 내기 때문이다. 된 반죽은 밀대에 달라붙지 않아 밀기에는 편할지 모르지만 맛은 확실히 떨어진다고. 주인은 밀가루반죽을 냉장고에서 하루 동안 저온 숙성한 다음 사용한다.

"반죽은 힘으로 미는 게 아니에요. 리듬을 잘 타야지. 밀가루 반죽 덩어리를 직경 1미터가 넘도록 미는 데 4분밖에 걸리지 않아요. 설탕물을 준비해두었다가 삶아서 씻어 건진 국수에 부으면 꼬들꼬들하게 면발이 살아나지요."

배추와 무를 섞어서 담그는 김치는 1년 내내 홍고추 간 것과 고운 고춧가루를 섞어 담그는 것이 비법. 그래야 빛깔이 곱게 나고 맛이 산뜻해진다고. 이 역시 직접 담근 새우젓과 멸치액젓을 섞어 시원한 맛을 살린다. 보리새우와 멸치, 양파, 무, 다시마, 조개를 섞어 개운한 맛을 살린 육수에 말아내는 칼국수도 인기 메뉴. 3월부터 8월까지는 손님들이 콩국수를 주로 찾고 나머지 기간에는 칼국수를 더 많이 주문한다고. 아무리 손님이 많아도 저녁 8시 30분만 되면 미련 없이 가게 문을 닫는 것도 고수하는 원칙 중의 하나. 그렇게 하지 않으면 너무 힘이 들어 다음 날 가게 문을 열 수 없기 때문이다.

"일일이 반죽을 밀고 국수도 손으로 썰어서 쓰는데 힘은 들지만 기계로 하면 식감이 떨어지니 어쩔 수가 없지요. 8월까지만 참으면 한숨 돌릴 수 있어요. 그날만 기다리며 힘든 6개월을 버티는 거예요."

이쯤 되면 콩국수 만드는 것도 극한의 노동일터. 그럼에도 불구하고 원칙을 깰 수가 없단다. 어지간한 고집이다. 작은 동네 국수집을 운영하며 온도 변화가 적은 봉화 유기를 사용하는 것도 그 고집의 또 다른 표현

이다. 단돈 7천 원에 맛보기에는 좀 미안해질 지경. 이 집 콩국수는 먹는 중간에 한 번씩 휘휘 저어주어야 한다. 그렇지 않으면 콩국이 가라앉는다. 그만큼 밀도가 높다는 뜻이다. 국산 콩이니 배가 부르더라도 바닥을 볼 때까지 포기하지 말 것. 돌아서서 후회하지 않으려면 말이다.

수제어묵 전문점

경주 박혜숙어묵

메뉴 어묵 한 그릇 7천 원 [|] 어묵야채우동 7천 원 [|] 어묵초밥 8천 원
주소 경북 경주시 탑리4길 6
전화 054-771-8751
영업시간 10:00~19:00 / 연중 무휴

'경주 박혜숙어묵'을 처음 소개받았던 것은 음식의 맛보다는 주인의 마음씀씀이가 특이해서였다. 사용하는 그릇과 음식을 담아내는 정갈함은 말할 것도 없고 모든 손님에게 일회용 생수를 내놓는 게 그렇게도 마음에 든다는 것이 지인의 얘기였다. 경주의 모든 식당들이 그 어묵집을 본받아야 한다는 극찬까지 듣고 나니 안 가볼 수가 없었던 것이다.

'경주 박혜숙어묵'은 어묵집이라기보다는 세련된 카페테리아를 연상시킨다. 퀴퀴한 냄새와 어두컴컴한 분위기를 상상했다면 살짝 당황할 만큼 분위기 자체가 밝고 쾌적하다. 사방에서 해가 드는 넓은 공간을 어묵 제조, 판매, 시식 공간으로 완벽하게 분리했기 때문이다. 그 안에서 주인 박혜숙 씨는 공간보다 더 경쾌한 모습으로 손님을 맞는다. '어묵야채우동'과 '어묵초밥', '어묵 한그릇'을 주문했다. 어묵야채우동은 우동보다 더 굵게 성형한 어묵의 쫄깃한 식감이 제법이다. 튀김 기름을 자주 갈아주는 게 분명했다. 뒷맛이 떫지 않고 고소하게 뚝 떨어지는 걸 보니. 쑥갓향도 적당하고 동그랗게 성형한 어묵은 우선 푸짐했

다. '어묵 한 그릇'은 어묵 볼과 유부주머니 개수를 넉넉히 해서 한 끼 식사로 충분해 보였다.

"어묵은 모두 경주 근해에서 잡은 싱싱한 생선을 뼈째 갈아서 만듭니다. 산화 방지제와 합성보존료를 넣지 않고 쫀득한 식감을 내주는 탄력 강화제도 사용하지 않아요. 그래서 반죽을 정말 잘해야 해요. 경주에서 재배한 찰보리가루를 조금 넣는데 밀가루만 넣는 것보다는 확실히 소화가 잘되더라고요. 처음에는 몸에 좋으라고 찰보리가루를 좀 많이 넣었는데 찰보리떡이 되더라고요. 바로 욕심을 접었죠."

어묵의 종류는 약 15가지. 고추, 우엉, 연근, 양파, 버섯, 단호박 같은 채소류와 청어알, 새우, 전복, 오징어 등의 수산물을 각기 배합 비율을 달리해 넣어 재료 본연의 맛을 살린다. 특이하게 블루베리와 해초를 넣은 어묵도 있고 가자미를 통째로 튀겨 만드는 가자미 어묵도 있다. 어묵초밥은 각기 다른 일곱 가지 맛의 어묵과 새우를 초밥 위에 얹고 생와사비와 락교, 생강초절임을 함께 낸다. 모든 음식에는 비트를 넣어 보라색 물을 들인 무 피클과 매실 절임을 곁들인다. 식사 후에 입안을 깔끔하게 정리해주는 매실 절임은 뒷마당에서 직접 딴 매실로 만드는 것으로 대독 하나 가득 만들어 보관해두고 쓴다.

빈티지 메밀 반죽기로 만드는 어묵

박혜숙 씨는 새벽 일찍 그날 쓸 어묵을 직접 만든다. 기계도 직접 설계해서 맞춘 것. 이 어묵 기계가 참 묘한데 일부는 원래 있던 것을 재활용한 것이고 일부는 새로 기계를 제작해서 이어 붙였기 때문이다. 경주 남산동의 통일전 휴게소에서 처음 '경주 어묵전'으로 사업을 시작할 때만 해도 반죽을 쳐서 섞는 스텐기계를 사용했는데 일본 여행길에서 우연히 지금의 기계를 만나 들여왔다고 한다.

"탄력강화제를 넣지 않기 때문에 반죽에 신경을 쓸 수밖에 없는데 이 기계를 만나고부터 자연스럽게 해결이 되었어요. 원래는 일본에서 메밀반죽을 하던 것인데 메밀국수가 유난히 쫄깃하기에 이걸로 어묵 반죽을 할 생각을 했지요. 반죽기계는 주물방식으로 만든 거예요. 기어도 깎아서 덧댄 것이라 낡긴 했어도 그대로 쓰고 있어요. 바퀴 빼고는 거의 그대로 쓰고 있다고 봐도 될 정도로요. 한꺼번에 100kg 정도는 반죽을 해야 하는데 노후된 기계라 60kg 넘어가면 좀 힘들어하더라고요."

어묵은 생선살을 80% 정도 넣고 나머지는 밀가루와 찰보리가루, 버섯, 오징어 등을 넣는다. 인공 향을 전혀 넣지 않아 처음 먹으면 익숙한 어묵향이 나지 않아 사람들이 오해를 한다고.

"생선살을 조금 넣은 것이 아니냐고요. 하지만 몇 번 먹어보면 자연스러운 향에 익숙해져서 더 좋아하게 되죠. 어묵 반죽 100kg에 유자청을 300g정도를 섞으면 향이 미묘하게 달라져요. 드러나지는 않지만 빠지지 않는 공정이죠. 어묵은 145℃의 저온에서 천천히 튀깁니다. 반죽

이 워낙 두꺼워서 낮은 온도에서 천천히 튀겨야 색도 곱고 맛도 깔끔하거든요. 작은 게를 껍질째 갈아서 반죽에 섞어 튀기면 맛이 훨씬 좋아지죠. 생선을 뼈째 갈아주는 기계를 처음 쓸 때는 시행착오도 많이 겪었어요. 오징어를 생물로 넣었는데 반죽을 튀기고 보니 반으로 줄더라고요."

식사 후 마실 수 있도록 직접 착즙해서 판매하는 오렌지주스도 인기 있는 메뉴. 둥근 어묵과 길죽한 사각 어묵은 낱개 포장을 해서 선물 세트를 구성해놓았다. 어묵면과 부추어묵면도 소량씩 포장해서 곁들여 담기에 좋다.

쫄깃한 면발이 일품

아화국수

메뉴 비빔면 4천 원 / 전통국수 4천 원
주소 경북 경주시 서면 내서로 417-1
전화 054-751-4477(아화국수) / 054-751-1023(야자수식당)
영업시간 9:00~15:00

경주시 서면 아화리에 가면 조그만 공장이 있다. 1968년부터 국수 생산을 시작해 50년간 2대를 이어 한 길을 걷고 있는 아화국수 공장이다. 아화국수의 원재료는 물과 소금 밀가루가 전부다. 일체의 다른 식품첨가물이 들어가지 않는다는 말이다.

아화국수는 건면(乾麪)이다. 건면을 소면(素麪)이라고도 한다. 소면은 "19세기초 『규합총서(閨閤叢書)』와 이규경의 『오주연문장전사고(伍洲衍文長箭散稿)』에 '왜면'이라는 말이 있고, 이것이 요즘 먹는 소면(素麵)을 설명하고 있는 것으로 보아 일본에서 유입된 것으로 보인다."(두산백과) 처음 일본에서 유입된 왜면은 손으로 만든 수연소면이었다. 수연소면에서 대량생산으로 나아간 것이 바로 기계제 소면이었다.

1933년 우리나라에서 처음으로 대구에 '풍국면' 공장이 들어선다. 이후 대구에는 삼성 창업자 이병철회장이 세운 삼성상회에서 생산한 '별표국수'를 등을 비롯한 여러 국수 공장이 들어서게 된다. 1980년대 초에는 30여 개의 국수 업체가 전국 국수 생산량의 약 50%를 차지하기도 하

였다. 대구에 국수 공장이 많이 들어선 이유는 발달한 철도망으로 인해 국수의 주원료인 밀가루 운송이 용이했고, 덥고 비가 적어 국수를 말리기에 적합한 기후조건을 가지고 있었기 때문이다. 1960년대는 국수 제조가 전국적으로 확산되고, 국수 소비 또한 폭발적으로 늘어난 시기이다. 아화국수 역시 이러한 국수의 춘추전국시대를 맞이하여, 창업주 김방구씨가 1968년 고향인 아화리에 정착하면서 소규모로 시작한 국수 제조업체다. 정직하게 정성들여서 만든 국수는 곧 입소문이 났고, 단골도 많아졌다. 공장도 조금씩 넓혀나갔다.

국수 맛은 밀가루 반죽을 어떻게 하느냐, 물의 양은 얼마로 하느냐, 건조는 어떻게 하느냐 등으로 결정된다. 기온과 습도에 따라 건조의 타이밍을 조절하는 것이 바로 일급 노하우다. 겨울이면 72시간 정도 건조해야 맛있는 국수가 나온다고 한다. 열풍기로 말리는 기계식 공정의 경우 매뉴얼대로 하면 되지만 자연건조방식을 고집하는 아화국수의 경우 오래도록 습득한 노하우가 있게 마련이다. 김방구 씨의 아들 영철 씨가

대를 이어 이 노하우를 가지고 국수를 제조하고 있다. 최근에는 소면, 중면, 강황면, 치자면 등으로 종류를 다양하게 생산하고 있다. 소면 900g 한 봉지 기준으로 낱개로는 3천 원이다. 박스로 사면 2천 5백 원. 전화택배주문 가능하다.

아화국수공장 바로 옆 도로변에 분식점 같은 조그만 식당이 있다. 야자수식당이다. 김밥과 사골떡만두국 같은 것도 메뉴에 들어있지만 역시 주 메뉴는 아화국수를 원재료로 한 전통국수다. 매콤한 비빔국수도 인기다. 전통국수는 담백한 멸치국물에 탱탱하게 삶은 면이 소박하게 담겨 나온다. 면발이 투명하고 쫄깃하여 식감이 좋다. 다 먹도록 면이 붙지 않고 쫄깃함을 유지한다. 여행을 하다 출출할 때 먹으면 안성맞춤이다. 함께 나오는 김치도 먹을 만하고 특히 풋고추를 찍어먹는 된장이 맛있다.

장작불로 고아 낸 가마솥 국밥

옛날순대집

메뉴 순대국밥 7천 원 | 내장국밥 7천 원 | 순대전골 2만 원 | 순대철판볶음 1만 5천 원
주소 경북 경주시 내남면 내외로 1193번지
전화 054-745-2928
영업시간 07:30~20:00 / 매월 둘째, 넷째 월요일 휴무

경주 시내에서 제법 거리가 먼 내남면의 외진 도로변에 있는 옛날순대집은 장작불을 지펴 가마솥 곰국을 고아내는 걸로 유명하다. 식당 입구에 부뚜막에서 설설 끓는 가마솥 육수가 장관.

　주인 정남호 씨는 돼지 무릎뼈를 열 시간 이상 고아 국물을 낸다. 두 개의 가마솥을 걸고 왼쪽 가마솥에서 우선 첫물을 빼서 오른쪽 가마솥으로 옮겨 끓이는 동안 왼쪽 가마솥에 다시 물을 부어 두 번째 육수를 우리는 것이다. 우족이나 사골곰탕도 마찬가지지만 첫물을 계속 끓인다고 해서 좋은 육수가 얻어지는 것은 아니다. 새 물을 부어서 끓이면 뼈 속 깊이 있는 진국이 더 잘 우러난다. 이렇게 네 번에 걸쳐 우린 국물을 더해 마지막으로 끓이면 잡맛 없이 진득하면서도 구수한 육수를 얻을 수 있다. 국밥이 팔리는 양을 보아가며 열흘이나 보름 단위로 국물을 내서 냉동 보관해두고 사용한다고.

　진득하게 고아내는 곰탕이나 설렁탕집에 가면 반드시 수육을 낸다. 이 메뉴가 없는 국밥집은 엑기스를 사용하는 집이라고 보면 틀림없다.

돼지국밥이나 순대국밥 역시 마찬가지. 옛날순대집 돼지수육은 기름과 불순물을 정성들여 걷어내며 끓인 육수에 삶아내 구수하면서도 돼지 고기 특유의 입에 붙는 단맛이 인상적이다. 정남호 씨는 식당 옆에 작업장 겸 전시실로 활용되는 '서일공방'이라는 목공예 공방을 마련해두고 육수 작업을 하는 틈틈이 목공 작업도 겸한다. 식사 후 들러 그의 작품을 감상해보는 것도 좋을 것이다.

서울로 돌아올 때 건더기 없이 맑은 육수를 따로 포장을 해와 냉동고에 넣어두고 알뜰살뜰 먹었다. 단맛이 도는 파를 듬뿍 썰어 넣고 토판염 조금 뿌려 밥을 말아먹기도 했고, 말린 모자반을 불려 넣고 푹 퍼지도록 끓인 다음 메밀가루를 훌훌 뿌려 제주 몸국 흉내를 내서 먹어보기도 했다. 오랜 시간 고아 낸 국물이라 그런가, 기름기는 전혀 없이 단맛이 그만이었다. 다음에는 국간장을 조금 넣어 간을 맞춘 다음 삶은 중면에 붓고 살짝 데친 숙주를 얹어볼 생각이다. 그때는 수육을 따로 포장해 와 국수 위에 얹어야겠다. 맑지만 구수한 진국 한번 제대로 활용해볼 수 있을 것이다.

백 가지 향의 백향과

1970년대까지만 해도 가장 귀한 과일은 파인애플과 바나나였다. 가끔 제주도에서 올라오는 귤도 귀한 과일이어서 사과나배, 감과 밤 등과는 다른 대접을 받았다. 그러던 것이 과일 수입이 보편화되면서 망고, 파인애플, 바나나 등은 마트에서 흔히 볼 수 있는 그리 비싸지 않는 과일로 변해 국내산 과일과 경쟁하기에 이르렀다.

최근에는 제주도나 남해안에서 열대 과일이 생산된다. 재배기술의 발전과 더불어 지구 온난화도 영향을 미쳤으리라. 하지만 경주에서 재배한 열대과일을 맛볼 수 있다고 하면 좀 의아하게 생각한다. 이런 상식을 깬 곳이 있다. 바로 보문단지 근처 북군동 펜션단지 안에 자리잡은 유로빌 펜션 과일 농장이다.

유로빌 펜션에 가면 마치 식물원을 연상하게 하는 대규모 비닐하우스 온실 한 동과 몽고식 텐트인 '겔' 두 동이 눈에 띤다. 온실에 들어서면 바나나, 망고, 백향과, 커피 나무가 우선 눈에 띤다. 가장 많은 것은 백향과다. 동남아 등지를 여행한 사람들에 의해 입소문이 나기 시작하면

서 우리나라에서도 알려진 과일이다. 원래 이름은 패션 프루트(Passion Fruit). 열대의 덩굴 과일로, 브라질이 원산이지만 같은 과의 비슷한 과일은 전 세계의 열대 지방에서 널리 찾아볼 수 있다. 그 독특한 향미와 잘 어울리는 이름은 과실의 여러 부위가 그리스도의 십자가 수난(the Passion)을 상징하는 모양이라고 하여 기독교 선교사들이 붙였다. 여러 향이 난다고 해서 백향과(百香果)란 이름을 붙였다.

백향과는 비타민C 함량이 많고, 니이아신, 마그,네슘, 철, 아연 등이 풍부해 숙취해소와 피로회복에 좋다고 알려져 있다. 특히 비타민A와 베타카로틴이라는 성분도 많아 눈 건강에 좋고 노화방지와 피부 미용에도 효과가 있다고 한다. 백향과는 따는 것이 아니라 다 익으면 나무에서 저절로 떨어진다. 줍는 것이 수확인 것이다. 수확한 백향과는 후숙하여 잘라서 그대로 먹는다. 성게알이나 멍게를 연상시키는 독특한 색의 액상 과육에 씨가 들어 있어 찻숟가락으로 떠먹으면 되는데 향이 몹시 독특하다. 씨는 다 씹어 삼킬 수 있다. 백향과는 그대로 먹어도 되지만 청을

만들어 유자차와 같은 형태로도 음미할 수 있다.

유로빌 농장에서는 커피도 재배하고 있다. 다 익은 열매는 직접 로스팅하고 커피를 추출하는 과정을 체험할 수 있도록 준비되어 있기도 하다. 커피를 즐기는 분이라면 한 번쯤 방문해 커피나무를 보고, 이 나무에

서 채취한 커피 열매를 직접 로스팅해서 커피 한 잔을 음미하는 여유도 가져봄직 하다. 유로빌펜션에서는 숙박도 가능하다.

열대과일과 함께 경주를 대표하는 과일이 바로 체리다. 놀랍게도 경주의 체리 생산량은 전국 1위다. 체리는 전 세계적으로 1,500여종이 존재하는데 경주에서만도 레드체리, 골드체리 등 20여 종 이상의 체리가 생산되고 있다. 특히 감포읍 노동길에 위치한 노곡산방에서는 이곳에서 달콤하게 익은 체리로 와인을 제조하고 있다. 체리와인 생산 공장을 둘러보며 체리와인 한 모금을 음미하는 것도 색다른 체험이다.

4

경주
황리단길

청춘들,
황리단길에 꽂히다

최근 젊은이들 사이에 경주의 핫플레이스로 황리단길이 뜨고 있다. 황리단길은 경주시 황남동 의 봉황로 내남사거리에서 황남동 주민센터까지 이어지는 편도 1차선 도로다. 반듯하게 보이는 길이라기보다 많은 샛길이 있어 "여기가 황리단길이 맞아?"하면서 돌다보면 황리단길을 다 돌게 되는 조금은 복잡한 구조의 길이다.

황리단길이라는 명칭은 서울 이태원의 '경리단길'과 황남동의 '황'자를 합성해 만든 신조어다. 서울의 경리단길은 육군중앙경리단이 있었던 곳이라 해서 붙여진 명칭. 이 이름이 인기를 끌자 전주의 객사 부근의 길을 '객리단길'이라 이름을 붙였고, 이에 경주도 벤치마킹했다.

유래야 어찌되었건 황리단길은 젊은이들의 거리다. 여러 카페와 식당, 공방, 사진관이 한옥에 젊은 기운을 불어 넣어 새로 개조했다. 현재도 많은 집들이 신축되거나 리모델링되고 있다. 해서 황리단길은 완성된 곳이 아니라 형성되어가고 있는 '진행형'의 새로운 경주의 명소다.

기성세대의 입장에서 보면 황리단길은 '뭐 볼 게 있어? 하는 의문을

가질 수밖에 없는 곳이다. 대릉원 옆 한옥 여러 채에 젊은이 취향의 가게 좀 있는 그런 곳이다. 하지만 젊은이들은 스스로 뜨거워지고 스스로 재미있어 한다. 경리단길이든 객리단길이든 황리단길이든 상관없다. 다만

마음이 맞는 친구 두엇 있으면 좋고, 여행을 와서 마음껏 수다를 떨면 그만이다. 이왕이면 향이 좋은 커피에 맛있는 피자에 맥주도 곁들일 수 있으면 금상첨화다. 경주라는 어마어마한 역사 유적지의 중압감을, 수학여행 와서 겪어야 했던 규제에 대한 기억을 '자유'로 환치할 수 있는 장소가 바로 황리단길이다. 이제 경주도 젊은이들의 자유지대 하나 정도는 가져도 좋다.

가성비 좋은 스칸디나비안 브런치

노르딕

메뉴 노르딕 샐러드 1만 6천 원 | 오픈 샌드위치 1만 2천 원
주소 경북 경주시 포석로 1099
전화 054-772-0512
영업시간 평일 11:00~21:00 / 주말 10:00~21:00

황리단길의 초입을 지키고 있는 노르딕은 한옥을 개조해서 만든 자그마한 브런치 레스토랑이다. 천정의 서까래를 그대로 살리고 흰색 타일과 대리석 테이블을 곁들인 인테리어가 여행객들의 눈길을 끌어 단숨에 경주 인기 맛집으로 올라섰다.

"처음부터 브런치 레스토랑을 할 생각은 아니었어요. 젊은 사람들이 편하게 술을 마실 곳이 드물어 황태와 맥주 조합 정도로 생각했거든요. 덜컥 가게부터 계약하고 공사를 해가는 동안 메뉴 고민을 하다가 샐러드와 샌드위치로 의견을 모았어요. 여행지에서의 느긋한 브런치를 로망으로 꿈꾸는 사람들이 많을 것 같았거든요. 원래는 저녁 메뉴로 파스타도 냈어요. 바질로 만든 페스토소스 링귀니나 표고를 듬뿍 넣은 토마토소스 파스타 같은. 소스를 제대로 만들어 내려면 시간이 꽤 걸리는데 규모가 작은 가게에 손님들이 갑자기 너무 몰리니 감당이 되지 않더라고요. 할 수 없이 잠깐 욕심을 접고 메뉴를 단순화시켰어요."

건강한 맛, 예쁜 담음새

어릴 적 친구 세 명이 뭉쳐 연 가게에서 가장 오랜 시간 자리를 지키는 이나영 씨는 식당을 운영하는 부모님을 보고 자라 식당 운영에 대한 두려움은 없었다고 한다. 또래 젊은이들이 가장 좋아하는 노르딕 스타일로 콘셉트를 잡은 데에도 그녀의 아이디어가 많이 반영되었다고. 대표 메뉴는 접시 한가득 푸짐하게 담아내는 노르딕 샐러드. 제철 과일에 바나나, 아보카도, 삶은 달걀 등을 더하고 노릇하게 튀기듯 구운 소시지와 베이컨을 얹어 낸다. 아보카도와 삶은 달걀, 베이컨 등을 듬뿍 올린 호밀빵에 아스파라거스, 올리브를 곁들인 오픈샌드위치에는 디종 머스터드를 곁들인다. SNS에 올리기 딱 좋은 그림이다. 손님들은 나이를 막론하고 예외 없이 주문한 음식이 나오자마자 휴대폰부터 집어 든다.

오픈샌드위치와 그릴드 샌드위치에 직접 짠 사과주스와 오렌지주스의 조합도 상큼하다. 사과 주스는 당근, 비트, 레몬를 더하고 오렌지주스 역시 당근과 사과를 더했다. 어떤 메뉴를 선택하더라도 채소와 과일을 골고루 맛볼 수 있는 것이 장점. 무화과와 용과처럼 쉽게 맛볼 수 없는 식재료 역시 가끔 사용한다. 샐러드는 두 명이 함께 먹어도 충분할 만큼 양이 넉넉하다. 샐러드와 샌드위치 하나씩 주문하면 그림도, 맛도, 영양도 딱 적당하다.

"경주 여행을 온 김에 데이트도 제대로 해보고 싶은 젊은 커플이 많아요. 가족 위주의 손님도 제법 되고요. 남자끼리 오는 경우는 아직 드물어요." 공동 운영자인 박진우, 신호용 씨가 테이블에 앉아 근사한 그림을 만들어내며 웃는다.

감각적인 가정식 백반 한상

홍앤리식탁

메뉴 가정식(매주 메뉴 교체) 1만 원 │ 홍앤리브런치 1만 원 │ 단호박식혜 4천 5백 원
주소 경북 경주시 포석로 1091-2
전화 054-624-2281
영업시간 10:30~19:00 (Break time 15:00~17:00) / 매주 월요일, 마지막주 일요일 휴무

황리단길이 유명세를 얻은 데는 홍앤리식탁이 제법 큰 역할을 했다. SNS에 등장하는 황리단길 방문 인증 사진 중 상당수가 바로 홍앤리식탁의 것이기 때문이다. 예약은 받지 않고 점심시간이 되면 거의 언제나 식당 밖으로 긴 줄이 늘어서는 이곳의 메뉴는 의외로 간단하다. 가정식 두 가지와 브런치 하나가 전부. 가정식 메뉴는 일주일에 한 번 변화를 준다. 인기 있는 음식을 돌아가며 내는 한편, 새로운 메뉴를 하나씩 추가해나가는 식이다. 고추장 불고기, 차돌된장찌개, 얼큰 김치찌개 등 집에서도 늘 먹는 음식을 서너 가지 반찬과 함께 정갈하게 차려낸다. 최근 인기 있는 집밥 스타일 식당답게 차려내는 담음새는 감각적이지만 담겨 있는 음식은 꽤 토속적인데 대부분 간이 세지 않아 남기지 않고 먹을 수 있다. 새우를 쓰더라도 중하보다는 대하를, 표고도 일반 표고가 아닌 백화고를 쓰는 등 재료 선택에 신경을 쓴 티가 나는 밥상이다.

　여행 중에 샐러드와 과일을 챙겨 먹기란 그리 쉽지 않은데 그 아쉬움을 홍앤리식탁이 채워준다. 모든 메뉴에 연두부 한 모, 샐러드 한 그릇,

과일, 단호박식혜를 반드시 포함시키기 때문이다. 과일은 천도복숭아 하나를 통째로 내오기도 하고, 제법 크게 썬 수박 한 덩이를 접시에 얌전히 담아내기도 한다. 흰색 타일과 페인팅으로 마감한 벽면, 커다란 샹들리에 조명, 작은 돌멩이 등을 활용한 장식 등 어느 곳에 앵글을 맞추더라도 썩 괜찮은 사진을 얻을 수 있다.

987 PIZZA&BEER

메뉴 피자 변동 | 맥주 4천 원~8천 원 선 | 음료 2천 5백 원~3천 원 선
주소 경북 경주시 포석로 1092번길 26
전화 070-4007-1987
영업시간 12:00~22:00, 월요일 17:00~22:00 / 목요일 휴무

대릉원 근처를 걷다가 쉬어가기 좋은 곳. 맥주 한 잔 가볍게 하며 피자를 즐기려는 사람들로 문전성시를 이루는 집이다. 손님들은 페페로니 피자와 하와이안 피자를 동시에 즐길 수 있는 '반반'피자를 가장 많이 찾는다. 987 PIZZA&BEER를 명소로 만든 일등 공신은 특이하게도 신라고분이다. 불과 5m도 되지 않는 작은 골목 맞은편 담장 너머로 봉긋하게 솟은 고분을 바라보며 한가롭게 맥주 한 잔 기울이는 맛이 그만이다.

"5~6년 전만 해도 이 주변은 귀신 나온다고 해서 해가 지면 일부러 피해갈 정도로 인적이 드문 곳이었어요. 장사하는 사람들 사이에서는 '쥐도 안 들어간다'던 곳이죠."

평범한 직장인이자 초중고 동창이었던 윤성규 씨와 주형돈 씨가 색다른 부업 하나 해보자며 의기투합하고 외식업에 관심이 많았던 친구 권상헌 씨가 합류하자마자 일사천리로 진행된 프로젝트가 바로 987 PIZZA&BEER이다. 메뉴조차 정하지 않고 가게 자리를 보러 다닐 만큼 어리숙했던 그들에게 운명처럼 떨어진 자리가 바로 지금의 한옥. 처음

에는 담장이 허물어진 채 비어 있던 곳이었다는데 보는 순간 이거다! 하는 생각이 들었다고. 계약을 하자마자 서울 이태원을 비롯한 몇몇 거리를 둘러본 후 '피맥'으로 메뉴를 정하고 웬만한 인테리어는 직접 해내며 속전속결 식당 문을 열었다. 피자 도우를 얇게 펴서 숙성하고 토핑은 심플하게, 소스는 화끈하게 얹은 것이 주효했다. 권상헌 씨가 매일 출근해 전반적인 관리를 맡고 나머지 두 명은 시간이 나는 대로 들러 피자를 만들고 서빙을 한다.

달밤, 고분, 음악, 그리고 피맥

피자의 맛은 사실 평범하다. 우리가 잘 아는 바로 그 맛. 한 끼 식사라기보다는 맥주에 가볍게 곁들이기 좋은 안주 개념으로 출발했기 때문이다. 그래도 피자 도우를 직접 만들고 좋은 치즈를 듬뿍 얹는 성의를 보

이는 탓인지 맛이 깔끔하고 느끼하지 않아 제법 인기가 많다. 흰색 벽으로 마감한 실내 분위기는 모던하고, 초록색과 붉은색 소품으로 레트로 느낌을 살린 인테리어도 인기를 모으는 데 한몫을 한다. 식당 한쪽에 마련해둔 접시와 포크는 직접 가져다 쓰는 셀프 시스템. 은박접시와 플라스틱 포크를 일회용품으로 통일시켰다.

식당 앞에 파라솔을 몇 개 두었는데 아주 덥거나 추운 날이 아니고는 실내보다 더 인기가 많다. 눈앞에 고분을 두고 한가로이 맥주와 피자를 즐기는 나른함이 좋은 까닭이다. 하늘은 파랗고, 고분은 초록빛, 여기에 붉은색 일회용 잔에 스파클링 생수를 따라 마신다. 생맥주도 좋지만 세계 각국의 맥주를 다양하게 구비해놓아 골라 마시는 재미도 쏠쏠하다. 조명과 음악이 곁들여지는 밤이 되면 또 그만의 분위기가 있어 지나가는 이들의 발길을 잡는다. 달이라도 뜨면 금상첨화일 터. 소문 덕분에 길게 줄을 서야 하는 아쉬움이 있지만 식사 시간을 교묘하게 비켜가면 한가로이 파라솔에 앉아 하늘 한번 쳐다보며 쉬어가기를 권한다. 비가 오면 또 그런대로 꽤 낭만적이다.

수제막걸리와 식초가 있는 엄마 밥상

Awesome

메뉴 너비아니구이 정식 1만 5천 원 | 수육보쌈정식 1만 원 | 육전 1만 원 | 수제막걸리 3천 원
주소 경북 경주시 포석로 1083
전화 054-743-0057
영업시간 10:30~15:00, 17:00~19:30 (Break time 15:00~17:00) / 매주 목요일 휴무 (첫째주 수, 목 휴무)

어썸(Awesome)은 '소반상 밥집'이라는 부제에서 볼 수 있듯, 간소하게 차려내는 한상 차림 밥집이다. 고슬고슬하게 지은 밥에 주 메뉴를 곁들이고 샐러드, 김치, 나물, 볶음 등으로 밸런스를 맞춘 어썸의 집밥은 맛과 영양을 두루 갖춘 옛날 어머니들의 3첩 반상을 연상시킨다. 주 메뉴는 너비아니 정식. 여기에 두 가지 메뉴를 더해 메뉴판을 구성하는데 2주에 한 번씩 변화를 준다. 24절기에 맞춰 구성하기 때문이란다.

조상들은 1년을 15일 간격으로 24등분해 계절을 구분했고 그에 맞는 음식을 먹으며 시절을 났다. 절기음식이 바로 그것인데 그때그때 많이 나는 재료를 활용하는 것이 특징이다. 정월 초하루의 떡국으로 시작하는 봄의 맛은 4월 한식에 뜬 쑥국인 애탕에서 절정을 맞는다. 여름이 되면 칠월 칠석 전까지 부지런히 육개장을 끓여 먹고, 추석 지나 시월 상달이 되면 무시루떡에 장국을 곁들여 먹었다. 어썸의 메뉴 구성도 비슷하다. 여름에는 약고추장을 곁들인 열무비빔밥이나 매콤한 낙지불고기 덮밥을, 겨울에는 수육보쌈과 얼큰 부대찌개를 올리는 식이다. 5월에는

연잎밥을, 봄부터 6월 초순까지는 육개장을 내놓기도 한다.

　"비빔밥은 그때그때 계절에 맞는 재료를 써서 자주 메뉴에 올립니다. 쇠고기덮밥은 항상 인기가 있어요. 해물 된장찌개나 부추무침을 곁들인 차돌박이구이도 인기가 많았고요. 혼자 여행 온 분들이 찾아오는 분들이 남 눈치 보지 않고 고기를 먹을 수 있어 좋았다고 하시더라고요."

　또 하나의 고정 메뉴는 육전. 홍두깨살을 얇게 썰어 지진 것으로 직접 담가 내놓는 막걸리의 찰떡궁합 안주로 인기가 많다. 잔술로도 판매해 혼밥 손님들에게 인기가 있다. 직접 담근 발효액에 올리브오일을 더한 소스를 올리는 샐러드에도 직접 담근 식초를 넣어 새콤한 맛을 살린다. 간호사로 일했던 노현숙 씨와 브런치 카페를 운영했던 경험을 살린 김병선 씨가 함께 담가 음식에 활용하고 병에 넣어 판매도 한다니 여행 기념품 삼아 한 병 구입해보는 것도 좋을 것 같다.

경주 김호 고택의 씨간장과 시금장

트럼프 미국대통령이 한국에 국빈 방문했을 때 청와대 만찬에서 전라도 순창의 360년 된 씨간장으로 갈비를 재웠다고 해서 화제가 된 적이 있다. 미국 역사보다 더 오래된 간장이라고 해서 외신들이 놀라운 반응을 보였던 것이다. 경주에도 이런 씨간장을 이용해 음식을 하는 집이 있다. 바로 식혜골에 자리 잡은 김호 고택이 그렇다. 김호 고택은 '경주 김씨'의 후손으로 임진왜란 때 공을 세운 김호 장군의 고택.

김호 고택의 종부(宗婦)는 400년이 넘었다고도 하고 신라시대부터 있었다고도 하는 우물에서 물을 길어 해마다 장을 담근다. 된장을 가르고 2년이 지난 간장은 씨간장에 덧장을 한다. 지금의 종부가 시집와서 계속했으니 40년이 넘었고, 또 그 시어머니의 시어머니 때부터 했으니 정확하게 언제부터 씨간장이 시작되었는지는 아무도 모른다. 100년일 수도 있고, 이 집이 지어진 17세기 초반부터일 수도 있다. 어쨌거나 이 집에서는 그 간장으로 음식 맛을 낸다. 오래된 우물에서 물을 길어 담근 오래된 간장! 어떤 음식도 맛있을 것 같다. 이 집에서 손님들에게 얼른 내놓는 잔치국수에도 이 간장의 연륜이 배어 있다. 또 이집에서는 별미로 시금장을 담근다. 시금장은 보리의 속겨로 만들던 경상도 지방의 독특한 장류. 보리 속겨로 메주를 만들어 왕겨 속에 묻어 구운 다음 매달아 말리고 띄운다. 몇 일만에 발효시켜 먹었는데 보리밥에 비벼 먹어도 좋고 쌈장으로 먹어도 일품이다. 고택에서 먹고 자는 호사를 누려봄도 경주 여행의 백미 중의 하나(김호 장군 고택, 054-772-9455, 경주시 식혜골길 35).

5

경주의
명물

원산지표시판
원산지표시판
원산지표시판
품 명 햇 팥
경북 대성
원산지표시판
품
명 혼 합 곡(5곡)
원
산
지

경주
5일장 이야기

여행이 일상이 된, 혹은 여행을 몹시 즐기는 사람들에게는 공통점이 있다. 처음 가보는 곳일지라도 놀랄 만큼 빠른 적응력으로 금세 그 풍경 속으로 스며든다는 것. 여행은 '공간이동'이 핵심이다. 옮겨 간 공간에서 정해진 시간을 보내거나, 정해놓지 않은 시간을 보내는 것. 그게 여행이다. 장면만으로 기억되는 여행은 재미없다. 상황을 추억할 수 있는 여행에 비한다면. '남는 건 사진뿐'이 아니라는 얘기다.

나는 풍물(風物)이라는 단어를 좋아한다. 단 두음절로 이뤄진 이 단어는 '산이나 들, 강, 바다 따위의 자연이나 지역의 모습'과 '어떤 지방이나 계절 특유의 구경거리나 산물'이라는 두 가지 의미를 모두 포함한다. 후자에 관심이 더 많은 나는, 그래서 사람들로 복작이는 전통시장을 가장 좋아하는 여행 공간 중의 하나로 꼽는다. 살림 솜씨 야문 동네 주부인 양 장바구니 하나 들고 여행지 새벽시장을 활보하며 그 사람들의 삶 속으로 슬쩍 스며들기를 즐긴다.

경주 전통시장의 수는 공설시장 11개와 사설시장 9개 등 총 20개인데 반 정도는 상설시장이고 나머지 반이 5일장이다. 감포시장, 중앙시장, 성동시장 등 세 곳은 상설시장과 5일장을 겸하고 있다.

성동시장과 중앙시장

경주를 대표하는 시장을 꼽으라면 단연 성동시장과 중앙시장이다. 두 곳 모두 시내에 있어 접근성이 좋은데다 워낙 커서 언제나 손님들로 넘쳐난다. 경주 토박이들은 두 곳을 각각 윗시장과 아랫시장으로 구분해 부른다. 아래시장으로 불리는 성동시장은 원래 없이 사는 사람들이 모여 살던 곳이었다고 한다. 춥거나 더울 때, 없는 사람들은 다리 밑으로 모여들기 마련이었다. 70년대 말까지만 해도 그랬다. 눈보라 치고 추운 겨울에는 기대 쉴 수 있는 든든한 지붕이 되어주고, 반대로 더운 여름에는 시원한 그늘을 만들어 주는 게 다리였기 때문이다. 심지어 성동시장 근처는 지대가 낮아서 비가 많이 오면 홍수가 지고 범람하기 일쑤였다.

없이 사는 사람들이 다니는 시장이라 그랬는지 물건 값이 다른 시장에 비해 상당히 저렴해 인기가 많았다고 한다.

윗시장으로 불리는 중앙시장은 지금도 새벽시장 좋기로 유명하다. 시장 바깥쪽 대로변이 새벽이면 과일장수와 채소장수, 그리고 새벽장 보러 나온 사람들로 꽉 차있을 정도. 예전, 중앙시장 근처에는 기차역이 있었다고 한다. 새벽열차가 들어오면 등짐지고 온 사람, 봇짐지고 온 사람들이 죄 중앙시장으로 몰려와 물건들을 부려놓는 통에 자연스레 날마다 새벽장이 서게 된 것이다. 두세 정거장 정도 되는 거리는 으레 걸어 다니던 시절, 경주에서 그래도 좀 형편이 낫다는 사람들은 물건 질이 좋은 중앙시장을 애용했다. 그들의 생활반경 안에 있는 게 중앙시장이었으므로. 그 암묵적 전통이 남아, 지금도 중앙시장은 새벽장 좋고, 물건 값은 좀 나가지만 크고 질 좋은 물건들이 모이는 곳으로 인식이 굳어졌다. 시장 안에는 전골목이 따로 있다. 명절이 다가오면 이 전골목이 유독 활기를 띤다. 기름 냄새가 며칠 동안 진동을 하는 것이다. 사나흘 전부터 아르바이트를 하는 아주머니들이 몰려들어 밤낮으로 전을 부쳐대기 때문이다.

경주를 드나드는 동안, 윗시장에서 크고 탐스러운 과일 꽤나 사서 서울로 날랐다. 여름에는 어른 주먹을 넘어, 아이 머리만한 수밀도가 지천으로 넘쳐났고, 가을에는 물 많은 배와 잘 익은 홍시를 소복하게 담은 바구니 가격이 단돈 만 원이었다. 사지 않고는 못 배길 만큼 유혹적이었다.

같은 자리에서 백 년, 건천장

건천읍장이라고도 불리는 건천장은 원래 3일과 8일 장이었지만 지금은 5일과 10일에 장이 선다. 1914년에 개설된 장으로 같은 자리에서 벌써 100년을 훌쩍 넘겼을 정도로 역사가 오랜 곳이다. 야트막한 경사길을 따

라 종과 횡으로 얽힌 골목은 그 자체로 아담한 난전이 된다. 폭 3m가 채 되지 않는 골목을 따라가며 양 옆으로 콩 몇 되, 찹쌀 한 말 정도를 고무 다라이에 담아들고 나온 할머니들이 자리를 잡고 앉아 두런두런 얘기를 주고받으며 장사를 한다. 직접 농사지은 호박, 오이, 가지를 한 소쿠리 담아오기도 하고, 시퍼렇게 물이 오른 부추를 다발로 엮어 가져와 펼쳐 놓는 할머니들도 있다.

마늘을 사려면 장마 전에는 사야 한다는 말이 있다. 습한 장마철까지 팔리지 않은 마늘은 약을 쳐가며 보관하기 때문이라는 거다. 다 믿을 바는 아니지만 미리 선점해야 알 굵고 좋은 마늘을 살 수 있기에 이왕이면 장마 전에 구입하곤 한다. 경주 취재를 하는 동안에는 건천장에서 마늘을 샀다. 알 굵은 마늘을 어찌나 조신하게 엮어서 내놓았던지 작품이 따로 없었다.

건천장 명물로 사람들은 유정태 씨가 대를 이어 운영하는 대장간을 꼽는다. 벌겋게 쇠를 달궈 일일이 손으로 두드려 만드는 수작업을 마다하지 않기 때문이다. 경주에서는 유일하기도 하려니와 전국적으로도 이러게 수작업으로 물건을 만들어내는 대장간은 그리 흔치 않다. 이미 고인이 된 아버지 유기배 씨는 경주 최고의 대장장이로 불렸다는데 경주 시내에 있는 철물점 치고 그가 만든 칼과 호미, 쇠스랑 등을 가져가지 않는 집이 없었다고 한다.

경주 5일장의 추억

4, 9일에 5일장이 열리는 양남시장은 바다가 바로 붙어 있어 곤혹을 치룰 일이 제법 있다. 바람이 세게 부는 날에는 집채만 한 파도가 주차장을 덮쳐 장보는 사람들을 혼비백산하게 만들기 때문이다. 바다가 가깝기 때문일까? 건천장에 고만고만한 채소바구니 들고 모이는 할머니들이 많은 것처럼 양남 시장에는 해물을 들고 오는 할머니들이 제법 많다. 팔꿈치만큼이나 큰 군소를 맞춤하게 삶아 꼬치에 꿰어 내놓거나 난데없는 문어 한 마리 고무 다라이에 담아 가져오는 식이다.

역시 4, 9장이 열리는 불국시장 기름집에서는 숭늉가루를 샀다. 입맛 없을 때면 냄비에 찬밥 한 덩이와 이 숭늉가루 두 큰술 정도를 넣은 후 물 부어 끓여먹는다. 누룽지 없어도 구수한 눌은밥을 금방 만들 수 있게 해주니 가히 마법가루 수준이다. 불국시장은 이름대로 불국사 근처에 있는 장이다. 지금은 그리 규모가 크지 않지만 예전에는 꽤 북적이던 시장이었다고 한다. 불국사역이 근처에 있었기 때문이다. 불국사로 불공드리러 오는 사람들이 외지부터 무겁게 짐을 이고지고 오기는 쉽지 않았기에 기차에서 내리자마자 절에서 소용될 물건들을 모두 여기서 구입해갔다고 한다.

5일장에서는 생각지도 못한 물건을 얼결에 사게 되는 경우가 많다. 안강장에서도 그랬다. "금이빨 팔아요"를 목소리 높여 외치는 난전에 갔다가 예쁘게 생긴 놋주발이며 놋수저들을 건졌던 것이다. 다 알면서 너

스레를 떨어봤다. "이 좋은 그릇들은 어떻게 구하셨어요?"

명쾌한 답이 돌아왔다. "시어머니 돌아가시면 며느리들이 죄 들고 나와요. 다 아시면서'.

요리 촬영이 잦은 나는 자동차 트렁크에 소반이나 목반 두어 개는 기

본으로 신고 다니는 편이다. 놋그릇 역시 마찬가지인데 한번은 강원도
에 볼일을 보러 갔다가 자정 넘어 서울로 돌아오게 되었다. 횡성에서도
30분은 더 들어가야 하는 농장에서 나오던 길이었는데 갑자기 뒷목이
쭈뼛했다. 왠지 그날만큼은 그 놋그릇들을 신고 구불구불 산길을 내려
오기가 싫었다. 할 수 없이 모두 농장에 두고 와야 했다. 잘 아는 집이니
나중에 찾아오겠다는 말을 남기고 돌아섰는데 그게 벌써 10년이 되어간
다. 오늘 문득, 그 그릇들의 안부가 궁금해진다. 모두들 잘 있을 것이다.

성동시장 한식뷔페

메뉴 정식, 소고기국, 시래기국, 돼지국밥, 된장찌개, 추어탕 각 6천 원
주소 경북 경주시 성동동 성동시장 내
전화 054-772-9043(연화식당)
영업시간 7:00~20:00 / 매월 첫째 주, 셋째 주 일요일 휴무(연화식당)

윗시장이라고도 불리는 성동시장은 한식뷔페 거리로 일치감치 이름을 알렸다. 한 곳에 오밀조밀 모여 있는 좌판이 무려 10여 곳. 외지인의 눈으로 보면 좌판 가운데 서서 음식을 연신 만들어내는 주인들의 얼굴을 구분하기조차 어려울 정도로 고만고만하다. 성동시장 한식뷔페를 알게 된 건, 양동마을에 살고 있는 지인을 통해서였다. 친정 집 고택이 있는 양동마을에 내려올 때면 들르곤 한다는데 거기서 파는 반찬 맛이 기막히게 좋다는 거다. 처음에는 흔한 반찬가게 애기인 줄로만 알았다. 결론부터 애기하련다. 성동시장 한식뷔페, 어마어마하다.

좌판 한 곳당 못해도 20여 가지는 넘을 반찬들이 반짝반짝 윤을 내며 산더미같이 쌓여 있는 모습은 절로 침이 고이게 한다. 정성들여 차려내는 엄마밥상에 오를 것이라 예상되는 반찬을 모두 모아놓은 형상이라고 할까? 그야말로 무엇을 상상하든, 그 이상을 보여주고야 만다.

가자미포조림, 버섯볶음, 달걀말이, 다시마쌈, 우엉채볶음, 오징어젓, 방

게볶음, 콩고기불고기, 콩잎장아찌, 배추김치, 미역채볶음, 총각김치, 뿔고추무침, 콩나물무침, 고춧잎무침, 도라지 무침. 실파김치, 오징어채볶음, 감자조림, 멸치볶음. 후식으로 건네받는 요구르트 한 병.

　어느 하루, 작정하고 성동시장을 찾아 눈에 띄는 좌판에 골라 앉아 우선 반찬 가짓수를 헤아려봤다. 하나같이 반짝반짝 윤이 나는 것이 금방 만들어 훈김도 가시지 않은 음식들이다. 자리에 앉아 밥 한 공기와 접시를 받자마자 국을 선택하란다. 그야말로 메인 메뉴는 따로 있었던 거다. 소고기국, 시래기국, 돼지국밥, 된장찌개, 추어탕, 그리고 정식. 무려 여섯 가지의 선택지가 앞에 놓였다. 붉은 고춧기름 동실동실 뜬 소고기국을 달라 청하고는 접시에 반찬을 담기 시작했다. 종류가 너무 많은지라 한 접시에 모두 담아낼 도리가 없다. 우선 볶음과 조림, 나물과 김치 등 대여섯 가지 반찬을 골라 접시에 담았다. 두툼한 달걀말이와 분홍 소시지 부침도 잊지 않았다. 그 많은 반찬을 모두 맛보기에, 공깃밥 하나는

너무도 빈약하다. 뱃고래 큰 장정이라면 고봉밥 한 그릇쯤 너끈하게 다시 청할 만하지 싶다.

음식 가짓수가 많다는 점도 감동이지만 더 놀라운 건, 하나같이 입에 붙는 맛을 낸다는 것. 간이 좀 세기는 하지만 어느 것 하나 허투루 맛을 낸 반찬이 없다. 조미료를 넣었네, 안 넣었네 하는 입씨름은 무의미하다. 단돈 6천 원이라는 가격을 듣는 순간, 절로 숙연해진다.

성동시장 한식뷔페의 일과는 새벽 여섯 시 무렵부터 시작된다고 한다. 매일 하는 일이라 손에 익을 대로 익어 한 시간에서 한 시간 반 남짓이면 거뜬하게 장사준비를 끝낼 수 있기 때문이다. 아침 일곱 시에 첫 손님을 받기 시작해 중간에 떨어지는 반찬을 보충해가며 점심과 저녁 장사를 마치고 나면 대략 저녁 여덟 시 무렵. 다음날을 위해 좌판을 걸으며 하루를 마감한다. 매월 첫째 주와 셋째 주 일요일엔 가게를 열지 않으니 주의해야 한다.

경주 우엉김밥의 원조

보배김밥

메뉴 김밥(2줄) 4천 원 │ 우엉조림(300g) 1만 5천 원
주소 경북 경주시 성동동 57-3
전화 054-772-7675
영업시간 08:00~20:00

성동시장 명물로 통하는 보배김밥은 달작지근하게 조린 우엉 한 가지로 확실히 차별화에 성공했다. 30년 이상 같은 자리를 지키고 있는 주인 아주머니의 입담은 덤. 들어가는 재료는 간단하다. 단무지와 맛살, 오이, 어묵 등이 전부. 참기름을 발라 고소한 맛을 살린 김밥 두 줄을 썰어 스티로폼 도시락에 담고 윤기 자르르 흐르게 조려낸 우엉을 한 줌 얹어 주는 식이다. 우엉조림은 반찬으로 먹는 조림이라기보다는 투명할 정도로 달착지근하게 조려낸 정과를 연상시킨다. 물엿을 넉넉하게 쓴 까닭이다. 주인아주머니의 어머니가 자주 만들어주었던 우엉조림에서 힌트를 얻었다는데 3~4시간 정도 은은한 불에서 조려 수분을 빼고 쫀득쫀득한 맛을 살렸다. 김밥을 썰어 내는 탁자에는 산더미처럼 수북하게 우엉조림을 담은 양푼이 자리한다. 집에서 미리 만들어 내온다는데 따로 반찬처럼 판매도 한다고. 방송출연으로 유명해진 이후로 가게 주위로 비슷한 김밥집이 여러 개 생겼지만 보배김밥에만 유독 손님들이 몰린다. 하지만 어느 곳에 들르더라도 맛에는 그리 큰 차이가 없다.

우엉김밥

매일 오전 삶아내는 부드럽고 쫄깃한 족발

가마솥족발

메뉴 족발 2만 5천 원 | 족발 · 보쌈 2만 9천 원
주소 경북 경주시 봉황로 39-1
전화 054-771-4732
영업시간 11:30~21:30 / 첫째 주, 둘째 주 월요일 휴무

누카 뭐래도 족발은 '야식의 꽃'이다. 프라이드치킨 역시 만만치 않지만 튀긴 음식을 먹으면 다음날 속이 더부룩할까봐 꺼리는 사람도 족발만큼은 거부감 없이 받아들인다. '삶은 고기'인 것이다. 다이어트가 한 걱정인 젊은 여성들조차 콜라겐과 엘라스틴의 피부미용 효과를 위안삼아 야밤의 족발을 즐긴다. 생리 활성화 물질인 '콘드로이틴'이라는 성분이 들어 있어 노화 방지에도 도움을 준다는 다소 학술적인 정보까지 대중에게 알려진다면 아마 족발은 '반드시 먹어야만 하는' 영양식으로까지 격상될 게 분명하다.

족발은 우리나라뿐만 아니라 중국과 일본, 심지어는 남미나 유럽에서도 즐긴다. 내가 세계인들의 족발에 대해 흥미를 갖게 된 것은 30여 년 전, 만화가 고우영 선생이 쓴 미국 여행기를 읽으면서였다. "멕시코 사람들은 돼지 족에 갖은 채소와 바나나까지 넣고 푹 고아 해장을 한다"는 구절을 읽고 나니 그 맛이 몹시 궁금했기 때문이다. 독일의 대표적인 음식 중에 맥주에 돼지 족을 삶아 만드는 '아이스바인'이 있다는 것은 이

미 잘 알려진 사실이다. 우리나라에서는 돼지 족을 장물에 삶아 식혀 썰어먹지만 중국은 꽤 다양한 방법으로 요리해 먹는다. 그 중에서도 간장에 조리는 방법을 많이 쓰는데 이는 오래 전부터 내려오는 조리법이다. 1500년대에 편찬된 『제민요술(齊民要術)』에 보면 "돼지 족발 3개를 푹 무르게 삶아 큰 뼈를 발라낸다. 이어서 파 머리 부분[葱頭], 시즙(豉汁), 식초, 소금을 넣고 입맛에 맞게 조절한다. 옛날 방법은 엿(錫) 6근을 썼으나 지금은 쓰지 않는다"라는 구절이 있다. 시즙은 간장을 뜻하니 간장, 식초, 소금, 엿으로 조려냈다는 뜻이다.

　우리나라에서는 예부터 족발을 보신이나 치료의 목적으로 많이 사용했다. 특히 산후에 젖이 나오지 않는 산모에게 먹이거나 부스럼을 치료하는 효과가 뛰어나다고 믿었다. 1460년에 편찬된 식이요법서인 『식료찬요(食療纂要)』에서는 "산후에 몸이 허약하고 피로한 것과 젖이 나오지 않는 것을 치료하려면, 돼지족발 한 개를 물에 푹 삶아 익힌 다음 고기를 취하여 절단하고 흰쌀 반 되를 넣고 삶아 죽을 만든다. 소금, 간장, 파의 밑동, 산초, 생강 등으로 간을 맞추어 먹는다"고 했다. 또한 "부스럼이나 등창(發背), 유방에 난 부스럼을 치료하려면, 어미돼지 발굽 2개를 자르고 목통(木通) 6푼을 썰고 면으로 같이 싼 다음 삶아 국으로 만들어 먹는다"는 처방도 내리고 있다.

제주의 향토음식인 아강발국은 돼지 족을 삶은 다음 고기를 찢어 넣고 불린 미역을 넣어 끓인 국으로 지금도 아기를 낳는 산모에게 먹이는 풍습이 남아 있다. 민간에서는 돼지 족의 특별한 효험을 굳게 믿는 사람들 사이에 재미있는 이야기가 내려온다.

대형 가마솥에서 매일 삶아내는 족발

장충동 족발거리의 터줏대감 격인 '평안도 족발집'은 부모님의 단골집이라 일치감치 맛을 들였는데 족발이 나오는 시간에 맞춰 찾아가면 미쳐 식지 않아 야들야들한 족발을 포장해올 수 있어 좋았다. 걸음마를 시작할 때부터 족발집을 다녀본 아들은 한 술 더 떠 대여섯 살 무렵부터는 아예 족발을 써는 주인 할머니 옆에서 그 조그만 입을 벌리고 서 있고는 했다. 귀엽다며 입에 넣어주는 고깃점을 받아먹는 재미가 쏠쏠했던 것이다. 15년이 지난 지금도 아이는 족발 맛의 최고봉은 그때 장충동 족발

경주맛집 — 291 가마솥족발

집에서 받아먹었던 '첫 점'이라며 입맛을 다신다. 장충동식 야들야들한 족발 맛에 익숙해져서일까? 나 역시 차갑게 식어 뻣뻣한 족발은 영 내키지가 않는다.

적당히 식어 껍질은 쫀득하고 고기는 부드럽게 감기는 족발을 내는 집을 찾기란 그리 쉽지 않다. 우선 손님이 많아 매일 돼지 족을 삶는 집이라야 한다. 채 식지 않은 족발은 누린내가 나기 십상이니 삶는 기술에도 내공이 깃들어 있어야 하는 것은 물론이다. '가마솥족발'은 바로 그 두 가지의 조건을 모두 갖췄다. 하루 100개 내외의 돼지 족을 꾸준히 삶아야 할 만큼 단골이 많은데다 대형 가마솥을 사용하기 때문이다.

"주말에는 하루 130개 이상, 평일이라도 80~90개는 삶습니다. 밤새 물에 담가 핏물을 뺀 족을 한꺼번에 삶아요. 여름에는 10시 좀 넘어 건지고 겨울이라도 11시 정도면 건져서 김을 날린 다음 랩을 씌워서 아이스박스에 담고 담요를 덮어놓지요. 말라서 수분이 날아가면 맛이 떨어지거든요. 단골들은 막 삶은 족발에서 한 김 나간 직후에 맛을 보려고 일찍들 오시죠."

대형 가마솥을 사용하기 시작한 것은 2002년부터라고 한다. 지금 사용하고 있는 것은 5개째 가마솥으로 물 40말이 들어가는 대형 사이즈다. 용도에 맞게 주문 제작하려면 따로 주물을 떠야 하는데 그렇게 되면 가마솥 하나의 가격이 2천만 원을 호가한다고 한다. 별 수 없이 다른 사람이 주문할 때를 기다려 추가로 한 개 더 만든 것을 구해왔단다. 기다린 기간은 무려 1년 6개월. 다행히 주말에 130개 이상 삶을 때도 한꺼번에 할 수 있어 좋다고.

"가마솥 하나에 간장 4컵이 들어갑니다. 이 색깔을 내는 데 8년이 걸렸어요. 날이 좋으면 색이 더 잘 나와요. 날씨 따라 색도 달라지고, 맛도 달라져요. 여름에는 저녁 7~8시면 족발이 떨어져서 손님들을 돌려보내기 일쑤지만 그날 삶은 것만 판매한다는 원칙은 바꿀 수가 없어요. 냉장고에 들어가면 맛이 달라지거든요. 향도 달아나고요."

대추로 향을 내고, 고추로 색을 내는 족발

주인은 생 족발과 냉동족발을 반씩 사용한다. 시간을 충분히 두고 핏물을 빼야 하는데 생 족발만 사용하면 담가놓은 물의 온도가 높아져 변질될 우려가 있기 때문이다. 특히 여름에는 물의 온도가 28℃ 이상으로 올라간다고 한다. "생 족발만 쓴다는 것은 핏물을 빼지 않는다는 것과 마찬가지 얘기예요. 수온이 너무 올라가지 않도록 하려면 두 가지를 같이 써야지요. 핏물을 빼는 통의 밑바닥에 생 족발을 한 켜 깔고 그 위에 냉동족발을 깝니다. 이렇게 반복해야만 냉동 족발이 녹으면서 수온이 유지되는 거예요. 물에 들어가면 혈관이 수축되기 때문에 핏물이 금방 빠지지 않아요. 적어도 6~7시간은 지나야 천천히 빠지기 시작하는 거죠. 중간에 손으로 꾹꾹 눌러가며 적어도 10시간 이상은 담가놓아야 합니다."

간장을 기본으로 하고, 계피, 감초, 당귀를 소량만 넣어 잡냄새를 잡는다. 특이한 것은 콩을 넣어 기름기를 잡는 것. 대추를 1kg 정도 넣어 향과 색을 내고 고추도 400g을 넣어 색을 낸다. 대신 캐러멜은 쓰지 않는다. "장사를 처음 시작할 때만 해도 멋모르고 양파를 넣었어요. 그랬더니 물이 변하더라고요. 다음날 쓸 수가 없어요. 족발 삶을 때 양파를 넣는 집은 매일 새 물을 사용하는 집일 겁니다. 캐러멜을 넣는 집은 삶는 양이 얼마 되지 않고 매일 물을 가는 집일 가능성이 높지요. 캐러멜 넣고 삶은 족발은 서너 시간만 지나도 특유의 냄새가 납니다."

가마솥족발의 족발 맛을 돋우는 일등공신 가운데 하나는 오돌오돌하게 수분을 밴 무채의 씹히는 맛이 좋은 겉절이다. 아내가 매일 직접 만드는 것으로 이 겉절이를 먹기 위해 찾는 사람도 있을 정도. 멸치육수를 진하게 내서 만든 된장찌개도 개운하게 뒷맛을 정리해준다.

오래된 방앗간의 놀라운 변신

보쌈이야기

메뉴 오바보 1만 9천 원~3만 원 ¦ 불바보, 늘바보, 반바보 2만 1천 원~3만 2천 원
주소 경북 경주시 화랑로 19번길 7
전화 054-742-3334
영업시간 17:00~02:00 (고기 소진 시 조기마감)

오래된 방앗간을 개조해 재미있는 고깃집을 연 청년이 있다. '보쌈이야기'의 주인 김민석 씨다. 2015년에 문을 연 보쌈스토리는 원래 '경신 방앗간'이 있던 자리라고 한다. 아이디어 좋은 이 청년은 쌀이며 고추를 빻던 기계를 뜯어내는 대신 그대로 두어 큰 비용을 들이지 않고 멋진 인테리어 효과를 거두었다.

"원래 어머니가 식육식당을 운영하셨어요. 어려서부터 식당을 운영하는 어머니를 보면서 익숙했기 때문에 고민 없이 식당을 열었습니다. 첫 장사는 26살에 열었던 레스토랑이었어요. 그런데 어머니께 좋은 고기를 납품받을 수 있는데 굳이 다른 업종을 할 필요가 없다 싶더라고요. 그래서 인수하게 된 것이 어머니로부터 고기 납품을 받던 보쌈 배달 전문점이었죠. 어머니와 의논해서 메뉴를 보강하고 '보쌈이야기'라는 이름을 붙였습니다"

보쌈이야기의 주 메뉴는 상호 그대로 보쌈이다. 다만 경양식집을 운영했던 경험을 살려 조리방법에 변화를 주었다. 일단 고기를 삶은 다음

오븐에 굽는 방식을 택한 것이다. 삶은 고기를 한 번 더 굽는 동안 기름기가 쏙 빠져서 속살은 촉촉한 대신 겉면은 바삭바삭하다.

오리지널 바베큐보쌈이라고 할 수 있는 '오바보'는 바로 그 상태로 낸다. 불타는 바베큐보쌈을 줄인 '불바보'는 매운 소스를 발라서 앞뒤로 굽고 다시 한 번 소스를 발라서 내는 것. 고운 고춧가루와 굵은 고춧가루를 섞어서 만든 소스는 젊은 여성들에게 인기가 있다고 한다. 양파와 설탕, 마늘을 넣어 만든 마늘소스를 바른 마늘바베큐보쌈은 '늘바보'로 통한다. 특히 '늘바보'는 마늘 소스를 듬뿍 얹어내는 것이 특징. 모든 메뉴는 보쌈이라는 음식의 특징에 부합하도록 김치와 꼬들꼬들하게 무친 무생채를 곁들여낸다. 음식을 먹는 동안 식지 않도록 뜨겁게 달군 철판 위에 얹어내는데 먹는 방법도 일반적인 보쌈과는 다르다. 데리야기 소스와 콩가루를 차례로 찍어서 먹는 것.

배달이 차지하는 판매량은 60% 정도. 주인 김민석 씨는 배달박스를 독특하게 디자인해 별도의 비용 없이 배달효과를 톡톡히 보는 중이

다. 일명 '철가방'이라고 불리는 배
달통을 모티브로 해서 종이박스를
제작한 것. 보쌈의 특성상 생맥주
나 소주의 안주로 찾는 사람이 많
을 것 같지만 의외로 밥과 함께 주
문해 먹는 사람도 많다고 한다. 젊
은 여자 손님들이 많은 이유이기
도 하다.

본전막포

메뉴 육전·파전 7천 원 ¦ 불낙삼볶음 1만 3천 원 ¦ 막걸리 3천 원~ 4천 원
주소 경북 경주시 원료호26번길 28
전화 054-777-3774
영업시간 18:00~02:00, 휴일은 인스타그램으로 공지

"밤 12시가 되면 아예 간판 불을 꺼버려요. 너무 바쁠 때는 간판 불을 켜는 걸 잊어먹기도 하고, 집에 갈 때 끄는 걸 잊어버려 켜놓고 출근하기도 합니다."

어차피 손님 대부분이 단골이라 간판에 불이 켜 있든 아니든 상관이 없단다. 쉬는 날을 따로 정해두지도 않는다. 그때그때 인스타그램에 휴일 공지를 하면 단골들도 그런가보다 한다고. 최근에는 블로그나 SNS를 통해 워낙 많이 소개가 되어 경주를 처음 찾는 여행객들도 많이 찾는다. 저녁 6시에 문을 열기 시작하자마자 테이블 대부분이 들어차는 것도 그 때문이다. 주인 이정우 씨는 밤 12시만 되어 체력이 급격히 떨어지는 것을 느낀다는 말로 장사 잘되는 티를 제대로 낸다. 가게는 원래 내장구이를 내던 '성건당'이라는 선술집이 있었던 곳인데 이정우 씨가 인수하며 저렴한 안주를 내는 막걸리 포장마차로 바꿨다. 벽마다 만화와 일러스트를 빽빽하게 붙이고 천장에는 대발과 소쿠리를 붙여 독특한 분위기를 낸 것도 주효했다. 솜씨 좋은 아내 정석희 씨의 작품이다.

안주는 싸고 푸짐하다. 접시 한가득 돌려 담아 내놓는 육전과 달걀 프라이를 얹은 '불낙삼볶음' 등이 인기 메뉴. 육전에는 상추겉절이를 곁들여 낸다. 파채를 더하고 고춧가루 섞은 초간장으로 무친 단순한 솜씨지만 초간장에 비할까. 양파를 까리고 불맛 올라오게 볶아 내오는 불낙삼볶음에는 통 크게 달걀프라이를 세 개나 얹는다. '음식 끝에 정난다'는 옛말을 주인 이정우 씨는 어찌 알았을까 싶다. 경주법주를 비롯해 금정산성, 신경주, 공주알밤 등 열 가지 정도 막걸리를 갖춰놓아 골라먹는 재미를 느낄 수 있도록 배려한 것도 반갑다. 메뉴판에 소개된 각각의 막걸리에는 순하고 부드럽다거나 톡 쏘는 신맛이 난다는 등, 친절한 설명을 붙여 꼼꼼하게 달아놓았다.

경주 대표 빵집

랑꽁뜨레

메뉴 명인 앙금빵 2천 원 │ 요쿠릉 6천 5백 원 │ 팥순이 1천 5백 원
주소 경북 경주시 황성로27번길 10
전화 054-743-8017
영업시간 07:30~23:30 / 연중 무휴

빵이라는 것이 쉽게 만들려면 그 것만큼 간단한 것이 없고, 어렵게 만들고자 한다면 그 것만큼 힘들고 고된 결과물도 없다. 랑꽁뜨레에서 내는 빵들은 후자에 속한다. 대부분의 빵들이 구워져 나오기까지 적어도 18시간 이상의 시간을 필요로 한다. 발효빵을 만들 때 베이킹파우더나 이스트만으로 간편하게 반죽을 부풀리지 않고 유산균을 활용한 천연 발효종을 쓰는 까닭이다. 천연 발효종은 하루 만에 만들어지지 않는다. 몇날 며칠을 배양하는 과정을 거쳐야만 얻을 수 있다. 특허 받은 방법으로 만드는 콩 유산균이 그 비법. 생콩을 갈아서 유산균을 접목시킨 다음 배양하는 천연 발효종을 종균으로 삼아 빵을 반죽하는 데 쓴다. 이 천연 발효종은 하루라도 먹이를 주지 않으면 죽어버리기 때문에 알뜰살뜰 돌봐야 한다. 전쟁이 나도 천연 발효종만큼은 챙겨야 한다는 우스갯소리가 그냥 있는 말은 아닌 것이다. 이석원 씨는 일본에서 120년간 이어져 온 천연 발효종을 들여와 접종해 사용한다고 한다.

이 발효종으로 만든 빵 중에 위로 소복하게 올라오는 빵을 두고 손님

들에게 이름 공모를 한 적이 있다고 한다. 경주에 흔한 능같이 생겼다고 해서 무덤빵으로 하자는 의견도 있었고 대갈장군빵이라고 하자는 의견도 있었단다. 결국에는 콩 유산균을 배양해서 만들었으니 '요쿠릉'이라고 부르게 되었다고. 지금은 랑꽁뜨레를 대표하는 빵으로 언제나 제일 먼저 동이 나는 인기 빵이 되었다.

특허 받은 콩 유산균 발효종이 맛의 비법

제과기능장 이석원 씨가 쉬운 길 놔두고 어렵고 어려운 길을 굳이 돌아 빵을 만드는 이유는 간단하다. 맛있고 건강한 빵을 만들기 위해서이다. 랑꽁뜨레에서 내놓는 빵은 어림잡아 200여 가지에 달한다. 그 중에는 트렌드를 충실하게 지켜 내놓는 세련된 빵도 있고, 우직한 맛을 자랑하는 촌스러운 빵도 있다. 매장은 작은데 그 많은 빵을 내놓으니 다른 곳에서 받아오는 빵이라는 오해도 받고 프렌차이즈 빵집인 줄로 아는 사람들도 있다고 한다. 그는 원래 대전의 유명한 빵집 '성심당' 출신이다. 처음에는 젊은 날에 배운대로 빵을 만들어 내놓았다고 한다. 하지만 경주 사람들의 반응은 의외였다. 지역 특유의 취향을 간과했던 것이다.

"서울에서 대전까지의 지역 소비자들은 쫄깃쫄깃 씹히는 맛이 좋은 빵을 선호해요. 그런데 대구를 지나 경상도 쪽으로 오니 부드러운 빵을 좋아하더라고요. 그 미묘한 식감의 차이를 이해하지 못했던 거죠. 그 차이를 발견하기까지 일 년이 걸렸어요. 시행착오도 많았죠. 지금은 지역 분들이 좋아하는 취향을 정확하게 파악해서 빵을 구워요. 같은 앙금빵이라도 굽기 전 생지의 질감이 훨씬 더 부들부들하게 만들죠."

경주에 자리를 잡고 제일 먼저 만든 빵은 단팥빵이다. 이 역시 직접 팥을 삶아 만든 팥소를 사용한다. 당도를 낮추고 싶었지만 하루만 지나면 쉬어버리는 통에 애를 먹었다는데 다이어트용으로 많이 쓰이는 저감미당을 활용하면서 문제를 해결할 수 있었다고 한다. 랑꽁뜨레로 손님이 몰리게끔 해준 고마운 빵 역시 앙금빵이다. 이석원 씨가 제일 좋아하는 빵이기도 하다. 앙금빵과 소보로빵, 우유식빵 등 세 가지 빵맛을 확실하게 각인시키고 나니 나머지는 저절로 풀리더란다.

그의 노력은 원재료를 구하는 데에도 미친다. 고구마만 해도 1년 동안 쓸 양을 직원들과 함께 모두 직접 농사 지어 마련한다. 딸기도 고향에서 계약 재배한 것을 가져와 사용한다. 향이 강한 의성마늘도 계약 재배해 사용하는데 수확할 때가 되면 직원들이 모두 산지로 내려가 직접 캐온다고. "올해는 팥 농사를 시험 삼아 5백 평 지었는데 한 가마니도 못 건졌어요. 고라니와 멧돼지가 모두 파먹었거든요. 철책선을 둘렀어야 했나 봐요."

작업실에서 반죽하고 빵을 굽는 모든 작업을 지휘하는 그는 얼핏 선생님처럼 보였다. 작은 작업실에서 어깨를 부딪혀가며 일하는 젊은 직원들의 손놀림 하나까지 살펴보며 그때그때 지시를 내리고 틀린 부분을

짚어주고 있었던 것이다. 작업시간이 아닌, 수업시간처럼 보였던 것도 그때문이었다. 해마다 직원들을 전국대회에 내보내 수상 경험을 쌓도록 하고 적게는 열 명에서 많게는 스무 명까지 해외 연수를 보내는 것도 그만의 철칙. 2016년에도 여덟 명이 출전해 전부 수상했다고 한다. 100여 명에 달하는 직원들 중 상당수와 함께 그 역시 함께 자고 함께 먹는 숙소 생활을 한다.

오븐에서 막 꺼낸 커스터드빵을 맛봤다. 흘러넘치는 커스터드의 향이 꽤 유혹적이다. 랑꽁뜨레는 시식 빵의 종류가 다양하고 그 양이 많기로 정평이 나 있다고 한다. 근처 학교에 다니는 중고등학생들이 빵 나오는 시간에 몰리면 마치 메뚜기 떼를 연상케 하지만 인심은 늘 후하다. 그 맛을 못 잊는 학생들의 전화를 받은 아버지들이 퇴근 시간이면 빵집으로 몰린다.

솜씨와 근성에 마케팅 능력까지 뛰어나다는 것을 인정해야 할 것 같다. 한 번 들르면 봉투 가득 빵을 담을 수밖에 없도록 요모조모 탐나는 빵을 기가 막히게 갖춰 놓았다. 그래도 돌아서면 미처 담아오지 못한 빵이 생각나 아쉽다.

고느닉한 운치가 있는 고택

수오재

메뉴 솥뚜껑 삼겹살 1만 5천 원
주소 경북 경주시 배반중리길 71-20
전화 054-748-1310
영업시간 숙박 · 식사 전화 문의

수오재는 한옥 스테이로 유명한 고택으로 기행작가이자 수필가로 활동하고 있는 이재호 선생이 운영한다. 수오재(守吾齋)라는 이름은 '나를 지키는 집'이라는 뜻을 담고 있는 말로 이재호 선생이 지은 것. 푸른 대나무숲으로 둘러싸인 고즈넉한 한옥에는 '대숲방'이라는 이름의 서재가 있다. 300년 수령의 목재로 못을 치지 않고 직접 짜 맞춘 책장에 그간 모은 책을 꽂아 운치를 더한다. 달빛이 좋은 밤에 주위의 소나무를 바라보며 차를 마시거나 술을 한 잔 기울여도 좋은 곳이다.

수오재는 맛집으로 유명한 곳은 아니지만 마당에서 나무장작을 피우고 그 위에 얹은 가마솥뚜껑에 구워 먹는 삼겹살의 맛이 기막혀 인기가 있다. 숙박하는 손님들은 1만 5천 원에 제공되는 삼겹살을 반드시 맛보는데 직접 담가 익힌 묵은지를 곁들인다. 아침 식사는 마당에 마련한 비닐하우스에서 맑은 황태국이나 된장국을 곁들여 먹을 수 있다. 제철에 나는 채소나 나물 반찬 몇 가지를 곁들인 소박한 식사는 간밤의 숙취를 말끔하게 씻을 수 있게 해준다.

아사가차관

메뉴 브런치 1만 5천 원
주소 경북 경주시 천군1길 11
전화 054-741-1218
영업시간 10:30~22:30

"아사가는 원효의 첫 여인 이름이었답니다. 결국에는 출가를 했다고 해요. 잘 아는 한학자 한 분이 원효처럼 훌륭한 분들이 많이 찾아와서 공부하는 공간으로 활용되었으면 좋겠다는 바람을 담아 이름을 지어주셨어요."

주인 김이정 씨는 20대에 우연히 사찰에서 차를 접한 후 30대부터 본격적으로 차 공부를 해왔다고 한다. 2015년까지 경주시내에서 같은 이름으로 전통다원을 운영하다 지금의 보문단지 근처 자리로 옮겨 왔다. 아사가는 차관과 차문화원을 겸한 공간이다.

중국차 특유의 문화인 '차관'이라는 이름에서 알 수 있듯, 아사가차관은 중국차를 중심으로 다양한 차를 선보인다. 1층에는 입식과 좌식으로 차를 마실 수 있는 공간을 몇 개 나누어 두었다. 10여 년 이상 꾸준히 지켜온 차회가 한 달에 두 번 열릴 때마다 이용하는 공간이다.

골동이라 부를 만큼 오래된 보이차를 비롯해 다양한 차 관련 도구와 작품들을 전시해놓았다. 2층에는 한국식 차탁을 여러 개 둔 넓은 공간으

로 때때로 차회를 겸한 음악회를 열기도 한다고. 최근에는 차와 도자기 등에 관한 소규모 수업공간으로도 활용된다. 일본차를 마실 수 있는 다도 체험실도 함께 갖춰두었다.

차회에 음식이 빠질 수 없다. 흔하게 먹을 수 없는 송기떡을 구워 조청을 곁들이거나 직접 팥을 삶아 만드는 단팥죽 등은 워낙 인기가 좋아 메뉴로 자주 낸다. 본격적인 식사라기보다는 간단하게 먹을 수 있는 브런치 메뉴도 의외로 많이 갖춰놓았다.

두툼하게 썬 식빵에 마늘버터를 발라 오븐에 구워내는 갈빅브래드나 견과류를 곁들이고 시럽을 뿌려내는 인절미샐러드 등은 커피에 곁들이기 좋을 메뉴. 경주의 차인들이 늘 모이는 공간이고 차에 관련된 다양한 전시나 이벤트가 자주 열린다. 여행길에 좋은 차 한 잔과 함께 뜻밖의 좋은 경험을 하고 가기 적당한 공간이다.

대한민국 관광 일번지, 보문

누가 뭐라 해도 나는 대한민국 관광의 역사가 시작된 곳은 보문단지와 경주의 첫 특급호텔인 경주조선호텔(지금의 경주 코모도호텔)이라고 생각한다. 대한민국의 관광산업과 마이스 산업[MICE - 기업회의(Meeting), 포상관광(Incentives), 컨벤션(Convention), 이벤트와 전시박람회(Events & Exhibition)가 융합된 산업]의 역사가 시작된 곳은 육부촌을 비롯한 경주 보문단지이며 이는 박정희 전 대통령과 많은 인연이 있다. 박대통령은 포항 철강과 울산 공업단지 배후에 외국의 바이어들과 국민들이 쉴 수 있는 휴양지를 신라역사 유적지와 연계해 만들어야 된다는 생각을 가지고 있었다.

1971년 경주관광종합개발계획을 입안하고 1974년 1월에 IBRD 차관협정을 통해 사업비를 확보한 후 바로 착공에 들어가 완성한 것이 바로 보문단지이다. 아무것도 없던 320만 평의 척박한 황무지에 보문호수를 만들고 육부촌이라는 국내 최초의 국제회의장, 국악 공연장, 특급호텔 등을 유치해 1975년에 국내 관광단지 제1호로 지정하고 8월에 국가가

전액 출자하여 경주관광개발공사를 설립한 다음 1979년 4월 6일에 개장
했다.

　1971년에 박 대통령은 "신라고도는 웅대, 찬란, 정교, 활달, 진취,
여유, 우아, 유현의 감이 살아날 수 있도록 재개발할 것"을 친필로 지
시했다고 한다. 1979년 제대로 된 국제회의인 PATA(Pacific Asia Travel
Association/아시아태평양관광협회) 총회의 경주 워크숍(4.20-21, 총회
는 서울에서 4.16-18)을 개최한 후 25년만인 2014년에 세계국제회의 개
최건수가 한국이 4위를 기록할 만큼 괄목할만한 성장을 한 것도 경주보
문단지에서 비롯되었다는 점을 아는 사람은 드물다.

　1979년 10월11일 박 대통령은 경주 보문단지에 주한 외교사절들을
초청해 만찬을 열었고, 그해 10월 26일 서거 이틀 전인 10월 24일에도 보
문단지를 방문하여 다시 점검할 정도로 애착을 가졌던 것으로 알려져
있다. 안타까운 것은 당시 아무나 사용하지 못했던 청기와를 올린 경주

관광개발공사 건물이 지금은 민간에 매각되어 상가로 변해버렸고, 육부촌은 경북관광개발공사 사무실로만 이용되고 있다는 것이다. 다른 관광지역보다 상대적으로 낙후된 호텔들은 슬럼화 되어 고전을 면치 못하여 하나 둘 다른 곳에 매각되어 호텔 간판이 바뀌고 있는 실정이다.

다행히 1979년 PATA대회 직전 경주 최초의 특급호텔로 지어진 경주 조선호텔은 코모도 호텔로 이름은 바뀌었지만 10층 건물인 호텔에 있는 1114호 룸에는 당시의 역사를 알 수 있는 것들이 잘 보존되어 있어 깜짝 놀랐다.

당시 박 대통령이 직접 묵으면서 보문단지의 계획과 수정을 진두지휘 한 곳으로 10층 건물이지만 박 대통령의 생일이 11월 14일인 점을 감안해 1114호로 명명했다고 하는데 '프레지던트 박 스위트' 방으로 지정해 당시 원형을 그대로 최대한 보존하면서 지금도 대여하고 있었다. 당시 사용되었던 봉황무늬의 의자들과 상징 현판들, 침대와 가구 등을 그대로 간직하고 있어 한국 관광역사의 산증인으로서 충분한 가치가 있었

다. 2015년 부시장으로 근무할 때 이러한 관광역사를 체계적으로 알리기 위해 보문관광단지 지정 40주년에 맞춰 '대한민국 관광역사 이곳에서 시작되다' 기념비를 세웠다. 그리고 경상북도 산업유산으로 지정을 앞두고 있다.

코모도호텔에서는 당시 박대통령이 들었던 식단을 고증을 통해 경주법주와 함께 '프레지던트 박 런치와 디너' 정식을 1층 한식당에 개발하여 판매하고 있다. 밑반찬 몇 가지와 정갈한 생선전, 불고기 등으로 차려진 밥상은 소박하면서도 담백하다. 가격도 저렴해서 자극적인 관광지 음식에 지친 여행객으로서는 오히려 반가울 법한 한상이기도 하다.

김남일(전 경주 부시장)